アリスどうぶつクリニック院長・
獣医学博士
廣田順子

下痢
関節トラブル
皮膚病
アレルギー
歯周病

愛犬の不調は糖質が原因だった!

青春出版社

はじめに

あなたは今日、どんなものを食べましたか？　日々の生活のなかで、食事は大きな楽しみですよね。そして食事を通して得られた栄養によって、私たちの体は維持されています。それはワンちゃんも同じ。「どんなものを食べるか」は、楽しみの1つであり、体を健康に保つために欠かせないものなのです。

では、あなたのワンちゃんは今日、何を食べたでしょうか？

ドッグフードを与えている人が多いと思いますが、そのドッグフードはどのようにして選びましたか。そもそも、そのフードはその子に合っているでしょうか。年齢や犬種に合わせたフードだから安心、と思っていませんか。また、ドッグフードは総合栄養食だからと、ずっと同じフードを与え続けていませんか。

たかが食事と思うかもしれませんが、皮膚病や下痢、アレルギー、関節トラブル、歯周病……といったさまざまな病気のワンちゃんには、共通する食事の傾向があるのです。

それは、「糖質」が多いフードを食べていること。

人間でも、糖質が肥満や糖尿病などの生活習慣病や、老化とかかわっていることが知られるようになってきましたが、実はワンちゃんにとっても糖質は問題になるのです。

また、糖質が多い一方で、タンパク質やビタミン・ミネラルなどが足りない「栄養不足」のワンちゃんもたくさんいます。

では、どのような食事を摂ればいいのでしょうか。

そのヒントとなるのが「栄養療法」です。栄養療法という言葉をはじめて聞かれた方もいるかもしれませんね。正式には「分子整合栄養医学（オーソモレキュラー療法）」とも呼ばれ、欧米では１９６０年代から行われていて、日本に紹介されて40年ほどになります。

私は、それまで人間向けだったこの治療法を本格的に学び、約15年前から動物医療に取り入れ、さまざまな病気の治療にあたってきました。これまでも栄養学の視点から犬の食事について書かれた本はありましたが、この本は栄養療法をもとに犬の食事について紹介した、おそらく日本ではじめての本になると思います。

ワンちゃんに毎日の食事を楽しんでもらいながら、いつまでも元気で長生きしてもらう。飼い主さんの願いを叶えるヒントを、この本ではお伝えしていきましょう。

『愛犬の不調は「糖質」が原因だった！』目次

2章

愛犬にとっていいことたくさん！「栄養療法」のメリット

最新栄養医学でわかった、愛犬の食事の新常識

3章 愛犬の体にあらわれる栄養トラブルのサイン

空腹を満たす食事と、栄養たっぷりの食事は別物

4章 今日からはじめる、愛犬のための栄養ごはん

「低糖質・高タンパク」な食事が元気な体をつくります

カバーイラスト／picnic basket　本文デザイン／ベラビスタスタジオ
本文イラスト／上田惣子　編集協力／樋口由夏

1章

食事を変えれば、愛犬はもっと元気になる

「何を食べるか」で犬の健康は決まる！

初診で「どんな食事を摂ってきましたか?」と聞く理由

私は埼玉県入間市でアリスどうぶつクリニックという動物病院の院長をしています。病院では犬、猫、ウサギ、鳥、ハムスターなど多くの種類の動物を診ていますが、この本ではそのなかでも、犬についてのお話をします。

動物病院にはじめてワンちゃんを連れてくる飼い主さんに、私は必ず、

「どんな食事を摂ってきましたか?」

「今与えているドッグフードの名前を教えてください」

と聞くようにしています。また、飼い主さんに動物の状態を記入してもらう用紙には、食事(フード)の名前や食事の内容を記入してもらう欄も設けています。

たいていの飼い主さんはちょっとびっくりされます。なぜなら、病院にはワンちゃんの体に何かしらの心配があり、〝不調や病気〟を診てほしくて連れてくるからです。

たとえば、犬が体をかゆがっているとします。皮膚の病気があるかもしれないと、病院

に連れてきた飼い主さんは、皮膚のことだけを気にしています。だから、〝食事のこと〟はまず、頭にありません。

私は通常の診察時だけではなく、健康診断や春のフィラリアの検査の際にも、血液検査をすすめています。この検査は、ただの血液検査ではなく、今の栄養状態を知るための詳細なもので、検査データから栄養不足がないか見ていきます。検査結果で栄養関連の問題が考えられる場合は、「今与えているドッグフードのパッケージをお持ちいただき、一度食事のご相談をしましょう」とお伝えします。

食事に関しては、ちょっとしつこい先生なんです（笑）。

なぜ私がこんなに食事にこだわるのか――それは、以前に比べて、食事由来と思われる病気が多くなっていると実感しているからです。

アレルギーや肥満をはじめとした生活習慣病など、現代病が増えているのは犬も人間と変わりません。また、動物も2頭に1頭は人と同じようにがんになるといわれていますが、これも多くは食事が引き金になっていることが多いのです。

いうまでもなく、毎日与えている食事が動物の体をつくっています。いつまでも元気で健康な生活を送るためには、毎日の食事の選択、多くの場合ドッグフードの選択が重要になります。

健康で病気にならない生活を送るために、ぜひ、本書でワンちゃんの食事を見直してみてください。

ドッグフードを変えたら、皮膚病が治った！

「そんなに食事が健康と直結しているの？」と思われた飼い主さんもいるかもしれませんね。

食事を変えることのメリットはたくさんあります。今は健康で何の問題もないワンちゃんなら、今よりもっと健康になりますし、病気にもかかりにくくなります。実際に、年をとっても筋肉がしっかりとつき、毛ヅヤもよく、長生きのワンちゃんがたくさんいるのです。

また病院には不調を抱えたワンちゃんがたくさん来ますが、食事を変えて症状が改善するだけでなく、ずっとよい健康状態を保つこともできます。

ここでは、食事を見直したことで症状が改善したケースを2つ紹介しましょう。

症例1 「一生治らない」といわれた皮膚病が改善したミニチュア・ダックスフンド（オス・初診時5歳）

5歳のミニチュア・ダックスフンドのチョコちゃんは、食事を変えただけで、長年悩まされていた皮膚トラブルが改善しました。

最初に病院に来たときはかなりやせていて、全身脱毛が見られ、ひどい皮膚症状でした。皮膚は乾燥し、角化（厚く、硬くなること）やフケもあり、全体的に膿皮症《のうひしょう》（皮膚に細菌が感染することによって起こる皮膚炎）で、被毛はツヤがなくもろく退色している状態。目は腫れ、元気もありませんでした。

お話を聞くと、子犬の頃から皮膚のトラブルが多く、抗生物質、ステロイドの内服薬と外用薬、ノルバサンシャンプー（動物用の薬用シャンプー）も使って治療を受けていました。ずっと診てくれていた獣医さんからは、「免疫性の皮膚疾患なので、一生治らないでしょう」といわれたそうです。それは、一生ステロイドを使い続けることを意味していました。

投薬によって一時改善しては再発を繰り返し、一年中皮膚トラブル、脱毛、皮膚炎が続き、もうどうにもならない状態になっていました。そこで、栄養相談も含めて診てもらいたいと、遠方からわざわざ私の病院を受診されたのです。

飼い主さんは、「もう、ステロイドと抗生物質の治療はしないでほしい」と希望されていました。

家での様子を聞くと、人とかかわろうとせず、自宅ではいつも寝ているとのこと。寒がりで散歩も嫌い、外に連れ出してもすぐに帰りたがるそうです。

そのほか、怖がりで音にも敏感、異嗜《いし》（食べ物ではないものを食べてしまうこと）が見られました。

診察をしたときも緊張している様子がよくわかりました。私と目を合わそうとせず、慌てて飼い主さんのケージに隠れるように逃げてしまうのです。

今までの食事内容を聞くと、獣医さんの指示で処方食を長期間食べていたものの、食欲はあまりなかったそうです。フードのパッケージを見せてもらうと、タンパク質含有量が14%で糖質（炭水化物）は50%。ジャガイモの含有量が多い、高糖質（高炭水化物）・低タンパクのフードが与えられていました。

血液検査の結果、低栄養状態による皮膚病と診断。低栄養の食事をそのまま与え続け、

症例①の血液検査データ

検査項目（単位）	一般的な基準値	一般的な評価	初診時データ	栄養療法での評価
総タンパク（g/dl）	5.5 ～ 7.7	基準値内	6.6	タンパク質不足傾向
アルブミン（g/dl）	2.5 ～ 3.8	基準値内	2.8	タンパク質・ビタミン B 群不足
A/G 比（%）	0.59 ～ 1.19	基準値内	0.74	タンパク質不足、アルブミン低下
ALP（U/l）	49 ～ 298	基準値内	294	低値で亜鉛・マグネシウム・銅不足、高値で胆管のトラブル
AST（U/l）	18 ～ 65	上昇	137	低値でタンパク質・ビタミン B 群不足、高値で肝炎、脂肪肝など
ALT（U/l）	20 ～ 99	基準値内	71	低値でタンパク質・ビタミン B 群不足、高値で肝炎など
γ -GTP（U/l）	3.0 ～ 12.0	やや低下	0.1 未満	タンパク質・ビタミン B 群不足
尿素窒素（mg/dl）	6 ～ 31	やや低下	5.0	タンパク質・ビタミン B 群不足、タンパク質代謝低下
クレアチニン（mg/dl）	0.4 ～ 1.6	基準値内	0.6	タンパク質低下、筋肉量低下
総コレステロール（mg/dl）	85 ～ 337	基準値内	120	タンパク質・ビタミン B 群・ビタミン A・ビタミン E 不足

症例①の血液検査データの推移

検査項目（単位）	初診時	3 カ月後	6 カ月後	1 年後	2 年後
総タンパク（g/dl）	**6.6**	6.8	6.8	6.7	7.1
アルブミン（g/dl）	**2.8**	2.8	3.1	3.2	3.5
A/G 比（%）	**0.74**	0.84	0.89	0.89	0.97
ALP（U/l）	**294**	311	311	324	352
AST（U/l）	**137**	49	27	49	50
ALT（U/l）	**71**	68	68	72	184
γ -GTP（U/l）	**0.1 未満**	3.0	3.0	9.6	11.9
尿素窒素（mg/dl）	**5.0**	8.0	9.0	8.0	8.0
クレアチニン（mg/dl）	**0.6**	0.9	0.9	0.8	0.7
総コレステロール（mg/dl）	**120**	132	132	192	154

ステロイド剤や抗生物質のみの治療では、皮膚病の根本的な改善はできないと考え、食事内容を変えてもらいました。具体的にはフードを高タンパクのものにしたのです。加えて、ドッグフードに手づくり食のトッピング（135ページ参照）をしてもらいました。

あとで詳しくお話ししますが、皮膚や被毛の状態を改善するためには、高タンパクのフードにする必要があるのです。

そのほか、シャンプーをアロマのものに変え、軟膏もステロイド不使用のものに。特に不足している栄養素はサプリメントでも補いました。すると、2カ月ほどで皮膚の状態が改善し、元気になったのです。

顔つきも明るくなって、フレンドリーになり、診察時に目が合うようになりました。栄養が改善すると、体だけでなく精神面にも影響するのです。

それ以降、皮膚トラブルがぶり返されることはなく、チョコちゃんは14歳まで穏やかに過ごし、天寿を全《まっと》うしました。飼い主さんから「いい生活ができてよかったです」という言葉をいただき、とてもありがたかったです。

症例①の治療経過

▼初診時（5歳）

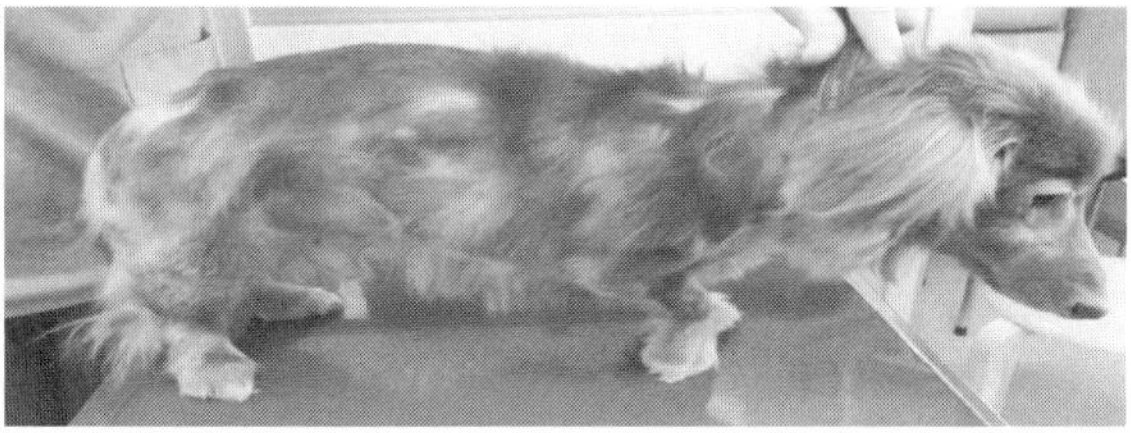

▼5カ月後（5歳）

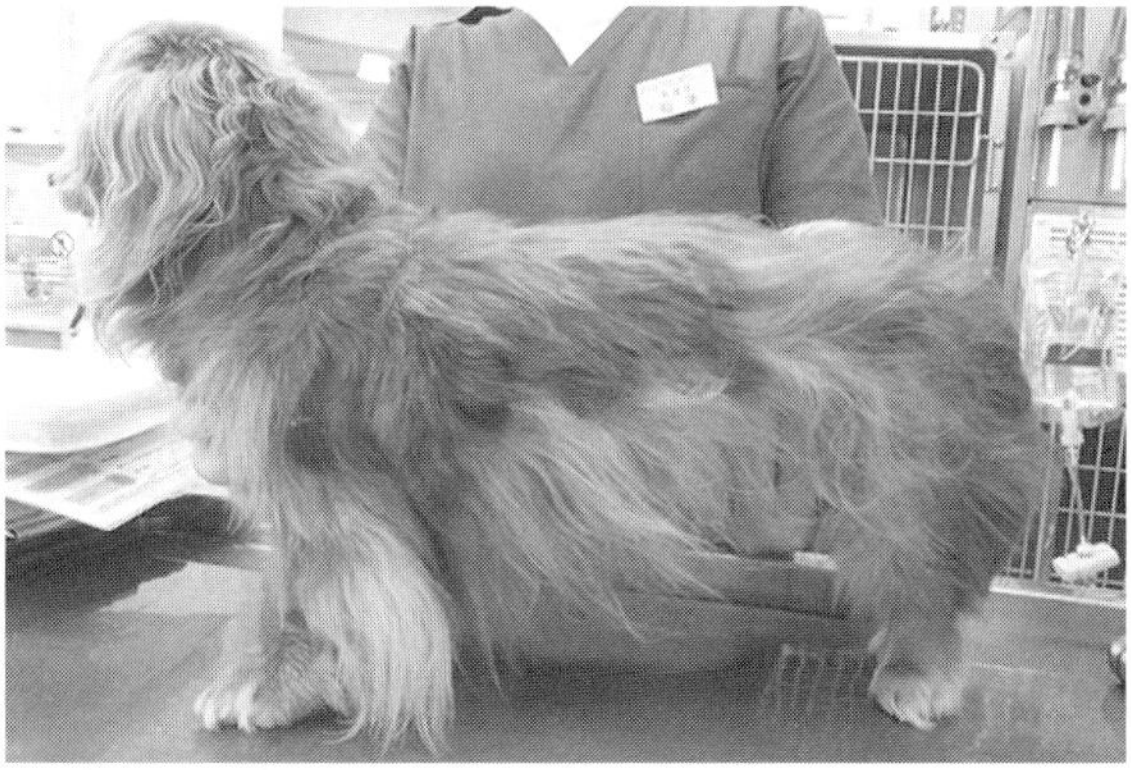

▼5年後（10歳）

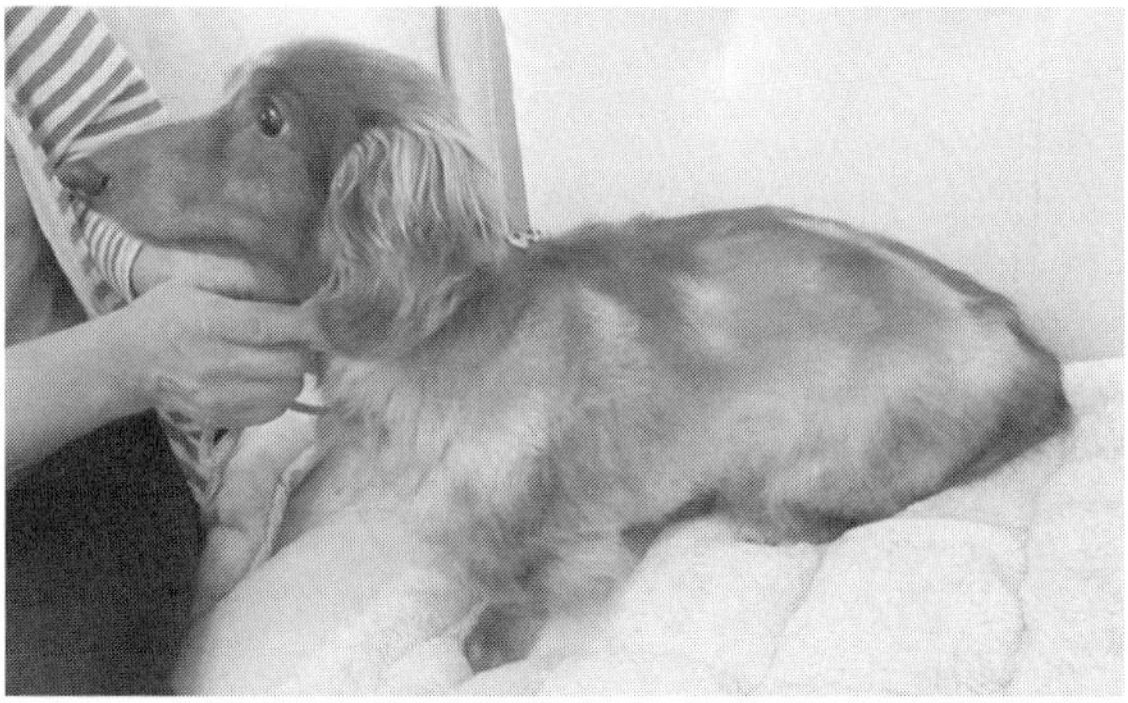

症例2

9年間同じドッグフードを食べ続け、多くの不調を抱えていたトイ・プードル（オス・9歳）

トイ・プードルのモカちゃんは、もともと定期健診で病院に来ました。

飼い主さんは健康に大きな問題はないと思っていたようですが、検査の結果、かなりの低タンパク状態であることが判明しました。下痢や皮膚炎、外耳炎を定期的に繰り返していたということもあり、「一度、栄養相談にいらしてください」とお伝えしました。

しばらくして、飼い主さんが普段食べさせているドッグフードのパッケージを持って、病院に栄養相談に見えました。

フードのパッケージを見てみると、案の定、タンパク質が20％台と低く、糖質（炭水化物）は40％以上と、こちらも高糖質（高炭水化物）・低タンパクのフードでした。飼い主さんはこの同じドッグフードをなんと、9年間も与え続けていたのです。トイ・プードル専用のフードだったので、それがモカちゃんに合うと信じて疑わなかったそうです。

モカちゃんは皮膚のトラブルだけでなく、筋肉量も減少していました。そのため四肢の

症例②のワンちゃんが食べていた食事

■変更前のドッグフード

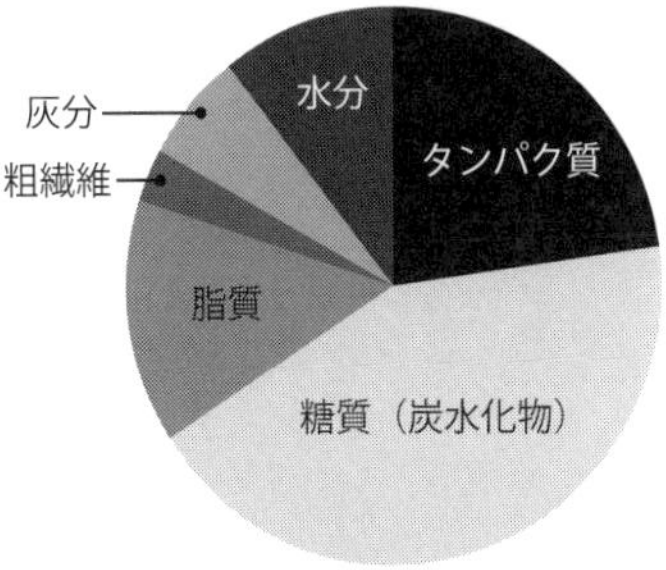

［原材料］

米、肉類（鶏、七面鳥）、トウモロコシ粉、動物性脂肪、トウモロコシ、小麦粉、コーングルテン、植物性分離タンパク、加水分解タンパク（鶏、七面鳥、豚）、ビートパルプ、植物性繊維、魚油、大豆油……アミノ酸類、ミネラル類、ビタミン類、保存料（ソルビン酸カリウム）、酸化防止剤（ミックストコフェロール、ローズマリーエキス）……（一部省略）

■変更後のドッグフード

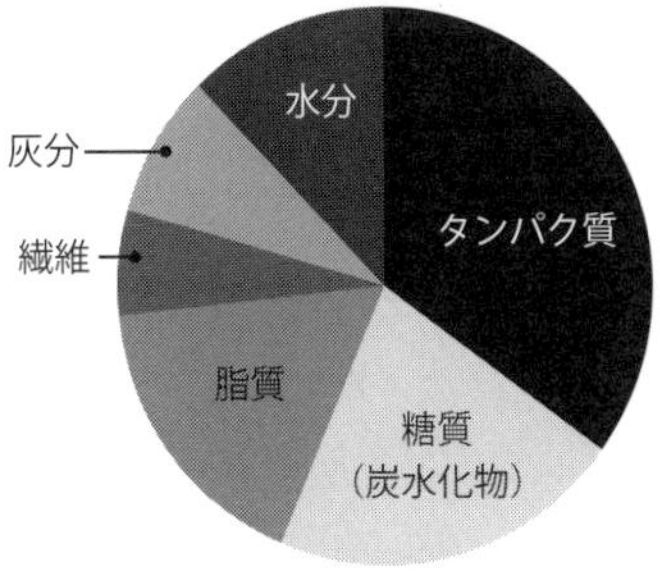

［原材料］

新鮮アンガス牛肉 (8%)、草を与えられて育った生ラム肉 (7%)、新鮮ヨークシャー種豚肉 (7%)、牛肉ミール (7%)、ラム肉ミール (7%)、豚肉ミール (7%)、丸ごとグリンピース、丸ごと赤レンズ豆、丸ごとヒヨコ豆、牛脂肪 (5%)、新鮮牛レバー (4%)、新鮮豚レバー (4%)、新鮮バイソン (4%)、新鮮天然ウォールアイ (4%)、丸ごと緑レンズ豆、丸ごとピント豆、丸ごとイエローピース、天日干しアルファルファ 、新鮮牛腎臓 (2%)、タラ油 (2%)、レンズ豆繊維、乾燥牛軟骨 (1%)、生のラムトライプ (1%)、乾燥ブラウンケルプ、新鮮カボチャ、新鮮バターナッツスクワッシュ、新鮮パースニップ、新鮮グリーンケール、新鮮ホウレン草、新鮮カラシ菜、新鮮カブラ菜、新鮮ニンジン、新鮮レッドデリシャスリンゴ、新鮮バートレット梨、フリーズドライレバー（牛、羊、豚）(0.1%)、新鮮クランベリー、新鮮ブルーベリー、チコリー根、ターメリックルート、オオアザミ、ゴボウ、ラベンダー、マシュマロルート、ローズヒップ

添加栄養素（1kg 中）：天然濃厚トコフェロール：ビタミン E：100IU、アミノ酸水和物亜鉛キレート：100mg、アミノ酸水和物銅キレート：10mg

畜産学的添加物：腸球菌フェシウム

歩行する力が低下し、散歩を嫌がって家では遊ぶこともせず、寝てばかりいるといいます。

椎間板ヘルニアの症状もあり、MRIを撮りたかったのですが、飼い主さんの「あまり大がかりな検査はしたくない」という意向もあり、「食事だけでも変えましょう」と提案しました。必要に応じてサプリメントも処方しつつ、ドッグフードをタンパク質35％以上、糖質（炭水化物）は約21％と、低糖質・高タンパクのものに変更。最初はかなりの低タンパク状態だったので、栄養点滴とサプリメントも併用しました。

すると、1年後には皮膚炎や外耳炎が改善し、被毛もツヤツヤに。下痢も止まり、筋肉量もアップ。四肢がしっかりしてくるにつれ、散歩の時間も長くなりました。家では寝てばかりいたのに、おもちゃで遊ぶようにもなったのです。

飼い主さんはよかれと思って9年間、同じドッグフードを与えていました。でも人間だって9年間同じ食事を続けていたら、何かしらトラブルが起きてくるのではないでしょうか。

不調の原因は、もちろん体質の問題もありますが、長期間、低タンパクのフードを与え続けてきたことが大きかったと推測されます。栄養素の不足が症状としてあらわれ、免疫機能を低下させてしまったのでしょう。下痢は、アレルギー症状と低タンパク状態のために、腸の粘膜の再生力が低下し、腸粘膜の炎症が起きていたためと思われます。

愛犬に病気になってほしいと願う飼い主さんなど1人もいません。このケースのように、適切な栄養を与えていると信じ込み、ワンちゃんが不調になってしまうケースを数多く見てきました。

どうか飼い主さんには、犬に本当に必要な栄養を知り、いつまでも元気で健康でいられるように寄り添ってほしい。この本では、そのための正しい知識をお伝えします。

「ドッグフード＝総合栄養食」ではない!?

「ドッグフード＝総合栄養食だから、栄養のバランスはバッチリ」

「ドッグフードは犬が口に入れるもの。安全性だって考えられているはず」

「ペットショップや獣医さんがすすめているものだから大丈夫」

「原材料に肉や魚が使われているから、タンパク質も十分足りている」

ドッグフードについて、多くの飼い主さんはこう思っているでしょう。また、獣医さんのなかには、ドッグフードは安心だと説明し、人の食物は与えてはいけないと話す人もいるようです。

しかし実は、日本ではドッグフードは「食品」ではなく、「雑貨」扱いだということをご存じでしょうか。そのため、人が口にする食べ物のような細かい法律や規制はありません。つまり、その安全性や品質については、残念ながら人間と同じようには考えられていないのです。

２００９年にペットフード安全法が施行され、製造方法や表示についての基準、成分についての規格が定められ、これに合わない有害な物質を含むペットフードの製造や輸入または販売は禁止されています。でもこれは、最低限の基準に過ぎません。

しかも、栄養に関しては、「雑貨」扱いである以上、ほぼ規制がないのと同じです。

アメリカに「ＡＡＦＣＯ（アフコ・米国飼料検査官協会）」と呼ばれるフードの栄養基準やラベル表示に関する基準があります。日本にはそのような基準がないため、日本のドッグフードメーカーはＡＡＦＣＯの基準を参考にしています。日本のドッグフードのなかには、ＡＡＦＣＯの基準をクリアしていることを謳《うた》っているものも多くあります。

たしかにＡＡＦＣＯの基準は、ペットフードの栄養基準のスタンダードです。ただ、私から見ると、その基準をクリアしているからといって、栄養的に万全とはいえません。

なぜならAAFCOの基準は、いってみれば「最低限これだけの基準を満たしなさい」という、製造者に対する基準であり、最低限のルールだからです。しかも、基準値については厳格であるものの、その原材料についてはそれほど厳格ではないため、どのような原材料を使われているかまでは厳しく問われていないのです。

そもそも、アメリカの栄養基準をそのまま日本の飼い犬に反映させることにも、少し無理があるように思います。アメリカは日本と違って、広い敷地で走り回っている大型犬が多いのですが、これは、運動量がケタ違いに多いということでもあります。

それに対して日本では室内犬や小型犬が多く、個体差はあるものの、運動量も決して多くはありません。

クリニックに肥満の悩みで受診したあるワンちゃんは、おやつをたくさん食べ、ほとんど散歩をしていませんでした。こうしたケースは極端にしても、運動量や体の大きさが圧倒的に違うアメリカの基準をクリアしているから大丈夫、というわけではないのです。

「総合栄養食」とは、一般的には「必要な栄養のバランスが調整されたフード」とされています。それなのになぜ、不調が出てくるのでしょうか。

必要な栄養素がすべて入っていて、栄養バランスが調整されていることと、それがワンちゃんの体に入ったときにちゃんと機能するかどうかは別の話です。

ドッグフードをつくる工程では熱が加えられるため、食材本来の栄養素が少なくなっています。さらにドライフードは固める必要がありますので、普通の食材にない賦形剤《ふけいざい》や防腐剤、保存料も入っています。生の食材に含まれる酵素も不足しがちになります。ナチュラルな栄養とは明らかに違うものだということは認識しておきましょう。

もちろん、ワンちゃんのことを考えてつくられているドッグフードはありますし、今販売されているフードを批判するつもりはありませんが、やはり飼い主さんがきちんとしたフード選びができる知識を身につける必要はあると思います。

注意したいのは「糖質が多いドッグフード」

紹介した症例に共通するのが、糖質（炭水化物）の割合が高いドッグフードを食べていたこと。

もちろんワンちゃんの不調には、食事以外の要因もあります。それでも、今までたくさんのワンちゃんを診てきて、不調の根底には糖質の多いドッグフードがあることは否定できません。

糖質が多いドッグフードはワンちゃんにとって食べやすい一方で、安くつくれるという側面があります。ドッグフードが「雑貨」であり、商品である以上、品質よりも安価につくれるほうを選択してしまうケースがあるのも、致し方ない面があります。

しかし、ワンちゃんは口に入れるものを自分で選ぶことができません。飼い主さんが注意してあげるしかないのです。

飼い主さんは原材料の中身をよく理解して与える必要があります。なお、ドッグフードの選び方については、4章で詳しくお話しします。

大事なことなので、ここでクリニックで飼い主さんにお渡ししている栄養相談の案内に書いてある言葉をお伝えしておきますね。今一度、愛犬のフードを振り返るきっかけにしてみてください。

・フードはどのように選んでいますか?

・ペットショップですすめられたものをそのまま与えていませんか?

・今食べているフードの安全性は大丈夫ですか？
・添加物や防腐剤は入っていませんか？
・同じフードを何カ月も与え続けていませんか？
・今与えているフードの原材料を確認していますか？
・フードのタンパク質や糖質（炭水化物）、脂肪のバランスはいいですか？

犬は人間の2倍以上のタンパク質が必要

糖質が多く含まれるフードは、同時にタンパク質やミネラル、ビタミンが不足しているフードでもあります。

犬は雑食といわれていますが、本来、〝肉食寄りの雑食〟であり、人間の1・5〜2倍のタンパク質が必要です。人は1日に体重1kgあたり1〜1・5gのタンパク質が必要ですが、病気などのない成犬は1日に体重1kgあたり2〜3gのタンパク質が必要なのです。病気の場合はさらに2〜3倍のタンパク質が必要になります。

タンパク質はいうまでもなく、体の土台となる栄養素です。筋肉、内臓、血液、消化液、酵素、骨、皮膚、歯、爪、被毛などはすべて、タンパク質が材料となっています。タンパク質の機能は、筋肉の構成、生体の防御作用、ホルモン代謝の調節、栄養素の貯蔵、栄養素や酸素の運搬などたくさんあります。

タンパク質が不足すれば、エネルギー不足となり、筋肉量は減少し、骨はもろく、栄養素や酸素を細胞に行き渡らせることができず、免疫力も落ちてしまいます。ひと言でいえば、生命力が落ちてしまうのです。

では実際、どれくらいのタンパク質が必要なのでしょうか。

体重が5kgの犬なら、1日10～15gのタンパク質が必要になります。

タンパク質量の数字だけを見ても、ピンと来ないかもしれませんね。牛肉を例にとって説明しましょう。

牛肉の赤身肉100gを生で食べた場合、約15gのタンパク質が摂れますが、加熱すると、半分くらいに減ります。つまり、体重5kgの犬は毎日、生の牛肉を100g食べなければタンパク質不足になってしまうことになります。

現実的に手づくり食などによって食材のみでタンパク質の必要量を満たすのは、手間もかかりますし、経済的にも限界があります。だからこそ市販のドッグフードも上手に取り入れて必要量を与えてほしいのですが、市販のフードの多くは、糖質が多い一方で、タンパク質が少ないのです。タンパク質不足が続けば、先ほども触れたように犬の生命力はどんどん落ちていってしまうでしょう。

運動量によっては、もっとタンパク質が必要な犬もいる

あるとき、クリニックに災害救助犬のシェパード（オス・4歳）が受診に来ました。訓練中に右側の下腿骨《かたいこつ》を骨折してしまったというのです。

はじめて診たときはかなりやせていて、筋肉が落ちていました。以前から下痢が続き、精神的にも不安定だといいます。

骨折についてはすぐに手術をしました。同時に食事内容を聞いたところ、案の定、高糖質・低タンパクのドッグフードだったのです。

そこで今のフードではタンパク質不足であること、タンパク質がもっと必要であることをお伝えしました。担当の方は「そんなことははじめて聞きました」と驚いていらっしゃいました。それまでは獣医さんからすすめられるままに、低タンパクのフードを大量に与えていたそうです。

運動量も多く、ハードな任務をまかされている災害救助犬は、体が資本です。何よりもタンパク質の摂取が重要であり、通常の犬の2～3倍は必要です。タンパク質が不足すれば、骨の質も落ち、エネルギー不足でいざというときの持久力がなく、救助どころではなくなってしまいます。

相談のうえ、それまでのタンパク質25％のフードからタンパク質40％のフードに変更し、骨折の手術後はトレッドミル（水浴療法）、ドッグマッサージなどでリハビリをしました。また、サプリメントに加え、ＣＢＤオイル（115ページ参照）も使用しました。ＣＢＤオイルには、精神的不安や炎症の改善効果があり、骨の再生効果も期待されるので、私は骨折の治療の際にも取り入れています。

５カ月後には、体重が初診時の28kgから36kgまで増加し、筋肉もしっかりついたしまった体になり、下痢も止まり、精神状態もよくなりました。その後、災害救助犬として土砂災害の現場などで大活躍をしているそうです。

犬に糖質が多いフードは必要なのか？

犬の歯を見れば、犬の食性がわかります。

人間は食べ物が口に入ると、上下の歯を使って細かくなるまで噛み砕きますね。それに対して犬は、まず肉の塊のような大きなもの、やわらかいものを犬歯で引き裂いたあと、裂肉歯《れつにくし》を使って硬いものを噛み砕きます。そして、ある程度大きなままでも咀嚼《そしゃく》することなく飲み込んでしまいます。人間のように野菜や穀物をすりつぶすような歯はありません。犬に「よく噛んで食べなさい」というのは、通用しないのです。

人間の場合、よく噛むことによって唾液が出ます。その唾液のなかには、アミラーゼという消化酵素が含まれています。アミラーゼはごはんやパンなどに含まれるデンプン（糖質）を分解する働きがあります。

ところが犬の唾液中には、アミラーゼが含まれていません。犬は膵臓《すいぞう》からアミラーゼが分泌されており、小腸まで行ってデンプンが分解されます。つまり、口のなかで糖質（炭水化物）を分解することがないため、そもそも人間に比べて糖質を分解することが得意ではないのです。

さらに、消化する時間も短く、消化器官は肉や内臓、脂肪などを消化するのに適したつくりになっているため、野菜や糖質を消化するのには適していません。これが、穀物や野菜をよく食べる人間とは大きく違うところです。

もちろん犬も野菜や穀物を食べることはできますが、歯を見ても消化器官を見ても、犬は肉食動物であり、タンパク質を主に食べるようにできているのです。

ちなみに、糖質（炭水化物）の多いドッグフードで、製造の過程でデンプンのα《アルファ》化という工程を経ているものは、消化に関してはあまり問題がないとされています。しかし私は、消化はできても、糖質が多いという点が問題だと考えています。

また、最近では、「グレイン（穀物）フリー」を謳っているフードも多く出回るようになってきましたが、こちらも穀物が使われていないから、いいというわけではありません。なかには、ジャガイモやトウモロコシが使われているものもあり、こうした糖質が多い食事を摂ることで、さまざまな不調を招く恐れがあるのです。

犬にも「食物アレルギー」がある！

人間と同じように、犬にも食物アレルギーがあります。

20ページで紹介したトイ・プードルのモカちゃんは9年間同じフードを食べ続けていました。

皮膚炎や外耳炎、下痢などのトラブルが見られたのは、明らかに同じフードを食べ続けたことによるアレルギー症状だったと思われます。

同じものを食べ続け、あるときその許容量を超えるとそれまでは平気だった成分がアレルゲンとなり、アレルギー症状が出ることがあるのは、人間も犬も同じ。クリニックにも、血液検査をしてみてアレルギーが見つかったワンちゃんがいました。

症例3

食事が原因で、脂肪肝とアレルギーになっていたチワワ（オス・初診時4歳）

チワワのマロンちゃんはまだ4歳。左まぶたがふくらんでいたため、近所の動物病院に診せたところ、抗生剤の飲み薬と点眼薬を処方されたそうです。完治しなかったため、再度病院に連れて行ったところ、今度は眼用の軟膏を出されたそうです。

しかし、まぶたはさらに赤く腫れてしまい、心配になった飼い主さんが私のクリニックに連れてこられました。

話を聞くと、まぶたがふくらむ1年ほど前から手足をかゆがってよくなめるようになり、口角とあご、耳もかゆがってよく足でかいていたそうです。このときもかゆみ止めを処方されましたが、なかなかよくなりませんでした。

ステロイドの飲み薬を飲むとかゆみは治るそうですが、「この先ずっとステロイドを飲み続けることになるのかと思うと心配」と飼い主さん。

アレルギーの原因が知りたい、薬を飲み続けなくても治る方法が知りたいというご希望でした。また、マロンちゃんは子どもの頃から便がゆるい状態が続いており、それも気になっていたそうです。

血液検査をするとALT（肝臓の細胞でつくられる酵素のこと）の数値が基準値の約15倍と異常に高く、コレステロールは基準値の1・5倍、中性脂肪も基準値の4・5倍もあったのです。人間でいうところの「メタボ」の状態でした。

また、少々専門的になりますが、マロンちゃんのクレアチニンと尿素窒素の値は基準値より低い値でした。これは筋肉量が少ないこと、体内のタンパク質量が低下していることを意味します。

マロンちゃんがいつも食べているドッグフードのパッケージを見れば、それは明らかでした。予想通り、タンパク質が15％とかなり低いものだったのです。飼い主さんは、よかれと思って食物アレルギーを持つワンちゃん用の処方食を購入して与えていました。

飼い主さんに聞くと、「散歩は週に1回だけ」とのこと。おやつもたくさんあげており、メタボになる要素がいっぱいだったのです。

さらにアレルギー検査（リンパ球反応検査）の結果を見ると、小麦、トウモロコシ、エンドウ豆、ジャガイモ、米に対して強く反応が出ました。実は、これらの食材はすべてマ

症例③のアレルギー検査結果

0.0%　0.4%　1.2%　1.8%

	アレルゲン食材	数値（%）	陰性 / 要注意 / 陽性
主要食物アレルゲン	牛肉	0.2	＊＊
	豚肉	0.4	＊＊＊＊
	鶏肉	0.3	＊＊＊
	卵白	0.7	＊＊＊＊＊＊＊
	卵黄	0.3	＊＊＊
	牛乳	0.4	＊＊＊＊
	小麦	2.5	＊＊＊＊＊＊＊＊＊＊＊＊＊＊＊＊＊＊＊＊＊
	大豆	0.8	＊＊＊＊＊＊＊＊
	トウモロコシ	1.3	＊＊＊＊＊＊＊＊＊＊＊＊＊
除去食アレルゲン	羊肉	0.2	＊＊
	馬肉	0.7	＊＊＊＊＊＊＊
	七面鳥	0.5	＊＊＊＊＊
	アヒル	0.5	＊＊＊＊＊
	サケ	0.2	＊＊
	タラ	0.4	＊＊＊＊
	エンドウ豆	2.7	＊＊＊＊＊＊＊＊＊＊＊＊＊＊＊＊＊＊＊＊＊
	ジャガイモ	1.4	＊＊＊＊＊＊＊＊＊＊＊＊＊＊
	米	1.6	＊＊＊＊＊＊＊＊＊＊＊＊＊＊＊＊

食物アレルゲンに反応するリンパ球の量を調べる血液検査。

陰　性：0.0 ～ 0.3%…食物アレルゲンに反応するリンパ球はほとんどない。
　　　　0.4 ～ 1.1%…食物アレルゲンに反応するリンパ球が増えはじめている。

要注意：1.2%～ 1.7%…食物アレルゲンに反応するリンパ球が増加。対象となる食物を回避する。

陽　性：1.8%以上…食物アレルゲンに反応するリンパ球が著しく増加。対象となる食物を回避する。

ロンちゃんが食べていたドッグフードやおやつに含まれていたものでした。

そこで食事を見直し、タンパク質が多く含まれる食事に変更してもらいました。手づくり食は飼い主さんの負担が大きいということで、まずはフードをアレルゲンとなる食材が入っていないものかつ、高タンパクのものに変更しました。

すると1カ月後の検査で血液検査の数値はすべて基準値になり、アレルギー症状も落ち着いてきました。抗生物質やステロイドも一切使っていません。今現在、まだ足をなめる行動は見られますが、皮膚の炎症はなくなっています。

飼い主さんに聞くと、顔つきが明るくなり、以前はよく抜けていた毛が抜けなくなり、毛ヅヤもよくなったとのこと。正直なところ私も、こんなに早くよくなるものか、というほど食事を改善した効果が見られた好例です。

最近では、頻繁《ひんぱん》に散歩に連れて行くようになり、食事も工夫して、ドッグフードのみならず、鶏肉や野菜などをトッピング（135ページ参照）したり、鶏肉・牛肉・羊肉などをローテーションで与えたり、肉と野菜でつくったスープを与えるなど、がんばって食事改善を続けていらっしゃいます。その結果、体重も落ち、生活習慣病も改善に向かっています。

そのおやつ、犬にはかえってよくありません

前述のマロンちゃんは、中性脂肪の値も高く、レントゲンとエコー検査をしたところお腹に脂肪がいっぱいついていて、脂肪肝の疑いもありました。

原因は1つではありませんが、おやつの与えすぎが大きな引き金になっていると考えられます。実際、トウモロコシ、小麦などが多く含まれた、糖質の多い市販のおやつを頻繁に食べていました。飼い主さんは、おやつを与えるととても喜ぶため、ついつい与えていたといいます。

犬のおやつは、人間のように甘いものではありませんが、基本的に糖質を多く含んでいます。犬の肥満の原因の1つに、おやつがあるのです。

私は、基本的に犬におやつは必要ないと思っています。

「ペットにおやつを与える」というのは、あくまでも人間側の一方的な発想です。野生の

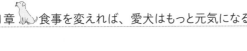

犬の場合、獲物を捕まえて食べたら、1～2日食べられないこともあります。おそらく一気に食べて、体のなかでバランスが取れていたのでしょう。

それに対しておやつは、通常の食事＋αです。食事も与えたうえに、おやつをあげる必要があるのでしょうか。

実際ワンちゃんは、「子犬のときには1日3～4回食、若いうちは1日に2～3食ですが、年齢が高くなってくると食事の回数も、一度に食べる量も少しずつ減ってきます。

食事は本来、体が自然に求める行為であるはずです。それなのに「食べないのはかわいそうだから」とおやつを与えてしまい、食べなければいけないはずの食事をますます食べなくなってしまうという、悪循環に陥ってしまうのです。

小さなワンちゃんに与えたひと口サイズのおやつは、人間に換算するとその20～30倍になります。おやつをあげると喜ぶから、ごほうびにあげたいから、という飼い主さんの気持ちもわかりますが、ごほうびとしてあげるなら、煮干しや添加物が入っていない肉系のおやつを少量与えるようにしましょう。

人間もおやつでお腹をふくらませたら太りますし、通常の食事が食べられなくなることがありますよね。それと同じです。

きちんとしたデータはとっていませんが、糖質過多による肥満はかなりあると思います。肥満が気になる飼い主さんは、一度糖質の多いおやつを与えすぎていないか、フードに糖質（炭水化物）が多く含まれていないかもチェックしてみるといいでしょう。

長生きする犬は増えたが、生活習慣病の犬も増えている

動物医療が進歩し、動物の寿命も以前に比べて長寿傾向になっています。同時に、人と同様「生活習慣病」も増加傾向にあります。

私は40年以上にわたり動物を診てきましたが、犬の病気の内容は明らかに変わってきていると感じています。以前はジステンパーなどの感染症やフィラリアなど犬特有の病気が多く見られました。最近は、ワクチンやフィラリアの予防薬の普及により、こうした病気はほとんど見られなくなりました。その一方で、人間と同じような慢性疾患や生活習慣病が増えていると感じています。

犬のシニア期は、犬種にもよりますが、7〜8歳くらいからはじまります。『アニコム

家庭どうぶつ白書2022』によりますと、循環器疾患、肝・胆道疾患、泌尿器疾患、眼の病気、腫瘍疾患、歯・口腔疾患、呼吸器疾患、筋骨格系疾患などが、高齢になるほど増加傾向にあります。具体的には心臓疾患、肝臓疾患、腎臓疾患、白内障、歯周病、関節疾患、肥満、糖尿病、そして各種腫瘍疾患（がん）が多くなっています（ただし、人間のような動脈硬化の報告例はほとんどありません）。

「肥満」は万病のはじまり

もう1つ、最近気になるのは、犬の肥満が多く見られることです。

肥満の状態が続き、年をとると、関節や椎間板のトラブルが多くなり、歩行に支障が出ることが多くなります。

たかが肥満と思われるかもしれませんが、肥満症は多くの生活習慣病を招く可能性があります。

生活習慣病はその言葉の通り、1日では病気になりません。毎日の生活の積み重ねで、じわじわとその悪影響が体に広がっていくのです。

表面的には何の問題もないように見えても、ある日大きな症状として表に出たときには、先ほど述べたようなさまざまな慢性の病気として診断されてしまいます。長年の生活によるさまざまな病気は1日では改善されませんので、根気よく今までの生活を改善しながら、病気の治療もしなければならないという、二重の治療と努力が必要になります。

では、犬が生活習慣病になる原因には、どのようなことが考えられるでしょうか。

食生活、運動不足、ストレスなどが、病気の発症や進行にかかわっていると考えられます。そして肥満は食生活よりもたらされます。その背景には、高糖質・低タンパクの食事があるのではないかと感じています。

もちろん、室内犬が増えたことによる運動不足やストレスも原因に挙げられますが、食事の影響は大きく、見逃せるものではありません。

人間同様、犬も糖質過多の食事が続けば、「糖化」が起こりやすくなります。糖化とは、食事から多くの糖質を摂ることによって、血液中の余分な糖質がタンパク質や脂質と結びつき、老化を促進するＡＧＥｓ（糖化最終産物）をつくり出すことです。糖化が進むことによって、全身の老化を促進させ、さまざまな病気の引き金になるのです。

飼い主さんが選んだ食事が生活習慣病への入り口になり、愛犬かわいさから「ほんの少しだけ」と与えたおやつでさらに糖質過多となり、肥満の体をつくり、ワンちゃんをさまざまな生活習慣病へと導いてしまうのです。

生活習慣病にならず、一生元気で暮らすためにも、毎日の食生活を考えてあげることがとても大切になります。肥満は肥満症という「病気」であることを、頭に入れておきましょう。

歯周病の原因も「糖質」!?

人でもなじみがある歯周病は、犬にも多くなっています。成犬の60〜80%には歯周病が見られるという報告もあり、歯磨き、歯の定期的な治療をしていない犬には、高い確率で歯周病が見られます。

歯周病は、歯に歯垢が蓄積することから発症します。歯垢も2〜3日放置していると歯石になります。犬種的に、チワワ、トイ・プードル、ミニチュア・ダックスフンド、フレンチ・ブルドッグ、パグ、シーズーなどの短頭種は歯周病になりやすいといわれています。特に高齢犬では、歯周病の発生率が高まるという報告もあります。また、免疫力が低下した状態は、さらに口内細菌の増殖を起こし、歯周病の悪化につながります。

歯垢は細菌の塊です。放置すると歯茎に炎症を起こします。歯垢が石灰化すると歯石になり、歯石になると歯にこびりつき、歯磨きや手ではなかなか取れません。その歯石によりり多くの細菌が増殖して、歯周病へと進みます。

歯周病になると、歯垢・歯石による歯周炎を起こし、口臭が強くなります。後述しますが、顔が腫れたり、くしゃみや鼻水が出て歯の痛みのため食事量が少なくなったり、食事を食べなくなることもあります。

最近、口腔内の腫瘍（メラノーマ）で来院した、ペキニーズとチワワのワンちゃんは、それぞれ歯石除去で病院に行ったのがきっかけで、腫瘍（メラノーマ）が見つかりました。日頃から口のなかの確認とデンタルケアを行うことが大切です。

人間の場合、歯周病は、食べ物に含まれる糖質が原因になることが知られています。では、犬の場合はどうなのでしょうか？

私は、歯垢や歯石を生じさせる原因の1つに、ドッグフードの構造があると考えています。糖質の多いフードと少ないフードの断面を比較した場合、糖質の多いフードはその断面が粗く、口内で砕けやすい構造になっています。

つまり、糖質の多いフードの多くは歯につきやすいのではないかと考えられるのです。野生動物で歯石や歯周病は少ないといわれます。その理由として、野生動物は糖質が多いドッグフードを食べることはないことも関係しているのではないでしょうか。日々与えている歯につきやすいドッグフード、おやつ類が歯石、歯周病を引き起こしているとしたら、怖いですよね。

歯周病対策には、まず日々のデンタルケアです。さらに糖質の少ないフード（タンパク質が多いフード）を与えたり、歯石予防用のサプリメントやおもちゃを与えたりして、歯石がつきにくい生活習慣を取り入れていきましょう。

なお、犬の歯石蓄積を予防するドッグフードは、「食感がはっきりしていて、粉々に砕けないタイプ（縦に裂けるようなイメージのタイプ）」がおすすめです。

「くしゃみ」と歯周病の意外な関係

歯周病が悪化すると、根尖膿瘍《こんせんのうよう》を起こしやすくなります。根尖膿瘍とは、歯の根本の部分やその周囲が化膿して炎症を起こすことによって膿がたまる状態です。根尖膿瘍になると、歯が抜けたり、顔が腫れたり、くしゃみなど、さまざまな症状を起こします。

最近、11歳のミニチュア・ダックスフンドの男の子が、座り込んだまま立ち上がれず、歩けないとのことで来院しました。

動物の診察は、頭・顔から背中、腰、尾までと、前・後肢、腹部に至るまで全身を診て触り、聴診するのが一般的です。このワンちゃんはお腹まわりがかなり大きく太っており、椎間板ヘルニアがあり、膝の関節もグラグラしていました。

目には白内障があり、口のなかを確認しますと、口臭があって、歯石がびっしりついており、歯の状態は確認できず、強度の歯周病も認められました。

普段の食事について確認すると、タンパク質20％、糖質（炭水化物）40％のフードを長く与えていたそうです。

飼い主さんは、「この犬は水を飲むたびにくしゃみするんです。風邪をひいているんでしょうか？　それとも花粉症ですか？」と質問されました。それを聞いて、私はピンと来ました。

「歯石や歯周病の状態から考えると、犬歯の根尖膿瘍を疑います」

飼い主さんは、くしゃみと歯が関係していることを知り、とても驚いていました。

実は犬の歯は、表に見えている歯の2倍くらいの長さがあります。その根本は、鼻腔のすぐ横まで達しています。根尖膿瘍があると、瘻管《ろうかん》という膿を排泄するような管が鼻道につながり、ここから分泌物などが排泄されるため、鼻炎になり、くしゃみや鼻血が出ることがあるのです。

このように、口のケアを怠り歯周病になると、その影響は歯だけではすまなくなります。炎症を起こした歯茎の粘膜から細菌が血管に入り込めば、心臓病や腎臓病の引き金になります。また、私のクリニックではがんのワンちゃんも多く診ていますが、歯の状態がよくないことがほとんどです。免疫力の低下ががんを招き、同時に免疫力の低下で歯周病菌が増殖して難治性の歯周病となり、さらに心臓病や腎臓病といった全身の病気を引き起こしてしまいます。

大げさな話をしているわけではありません。ワンちゃんの健康を守るためにも、食事と歯のケアを今一度、意識してみてください。

異食をしてしまうのは栄養不足のサイン!?

犬が糞や石、土、草、衣類など食べ物以外のものを口に入れてしまうことを異嗜、あるいは異食症といいます。

異嗜は、年齢の若い動物に多く見られますが、どの年齢でも見られます。異嗜が長期的に続くと、成長不良となり、体重も減少してやせてくることがあります。また、大きな異物(石や金属片など)を食べてしまうと腸閉塞となり、緊急手術になる場合もありますので、注意が必要です。

異嗜の原因は、心因的（行動学的）なものと、医学的なものがあります。

心因的なものとはつまり、ストレスです。ストレスは異嗜の原因になります。たとえばよくあるのが留守番中の異嗜です。

犬を飼ったのはいいけれど、昼間は飼い主さんなど家族が仕事で長時間留守にした場合。犬は群れで暮らす生き物なので、大きなストレスがかかります。すると足をなめたり、食糞が見られたりすることもあります。この状態がずっと続くと、病気になることさえあります。

食糞の場合、「自分が出したもの（糞）を取られたくない」という心理が働くこともあるようです。

一方、医学的な原因としては、消化器障害や肝臓疾患、寄生虫、ビタミンやミネラル不足による栄養障害などの際に認められることがあります。糖質過多による栄養不足、なかでもカルシウムや鉄、亜鉛などのミネラル不足から異嗜をしてしまうのです。通常は食べないものを口にして栄養を満たそうとしているのですね。人間でも氷をガリガリ食べるのは鉄不足のサインといわれることがありますが、これとよく似ています。

私は、玄米が多いフードを食べているワンちゃんも、ミネラル不足が多いと感じています。なお、玄米に含まれているフィチン酸という成分は、鉄や亜鉛などのミネラルの吸収を阻害するといわれています。

ドッグフードには、亜鉛が添加されているものが多く見られます。玄米が入っているものにも、亜鉛が添加されています。いくら亜鉛が添加されていても、フィチン酸によって吸収阻害を起こしていたら、本当に亜鉛が吸収できているかどうかはわかりません。少し専門的な話ですが、動物用に使われている亜鉛の多くはグルコン酸亜鉛というもので、体内での利用率が高いものではなく、天然の亜鉛とは大きく違います。

食物繊維が豊富に含まれているフードもたくさんありますね。食物繊維そのものは悪いものではありませんが、摂りすぎるとこれもまた、ミネラルの吸収を阻害する恐れがあります。

このようにドッグフードは一見するとミネラル豊富なようですが、ミネラルを吸収できているかどうかはまた、別の話なのです。私はこれが「隠れミネラル不足」を招いているのではないかと推測しています。

すべてのドッグフードがそうであるわけではありませんが、飼い主さんがワンちゃんによかれと思ってやっていることが、ワンちゃんにとって本当にいいことなのかどうか、疑問に感じることも多いのです。

異嗜が見られるワンちゃんのご相談を受けたとき、心因性のものではないと思われるケースでは、栄養不足を疑います。また、そもそも食事の量が不足しているケースもあります。

普段食べているフードなどを持ってきてもらったうえで、血液検査をすることもあります。飼い主さんが希望される場合は、被毛でミネラル検査をすることもできます。

症例4 歩行不能のミニチュア・ダックスフンドが歩けるようになった（オス・初診時11歳）

最後に、現在16歳のキングちゃんのお話をしましょう。はじめて病院に来たときは11歳で、ボロボロの状態でした。

ある日急に立ち上がれなくなり、病院に行ったら椎間板ヘルニアと診断され、すぐに手術になったそうです。手術後はリハビリも行われませんでした。入院中に急性膵炎となり、1カ月間の入院。晴れて退院することになり迎えに行ったところ、まったく立てなくなっており、前肢で飼い主さんに近づいてきました。担当の獣医さんからは、「手術しましたが、立つことはできません。一生車イス生活になります」といわれたそうです。飼い主さんは立てるようになる、一緒に散歩できることを信じて手術をお願いしましたので、とてもショックを受けたそうです。

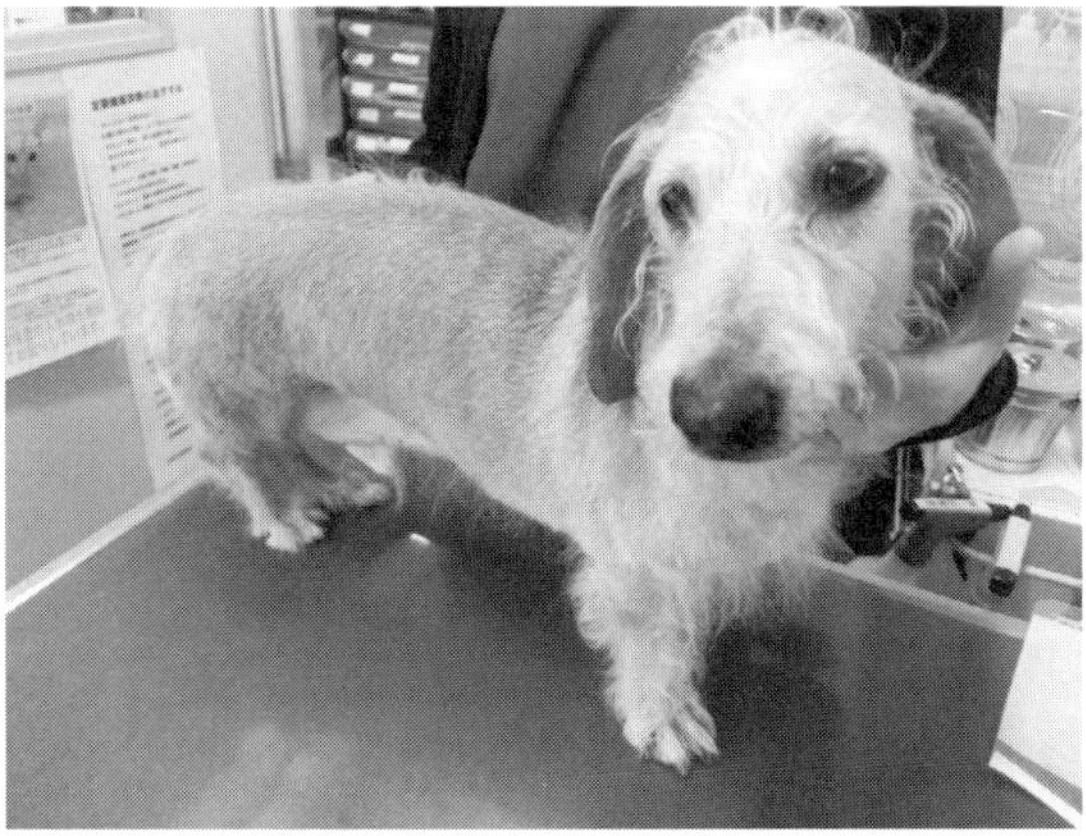

▼症例④のミニチュア・ダックスフンド（16歳）

私のクリニックへは、退院後にその足でいらっしゃいました。クリニックでは、リハビリとしてトレッドミルという水浴療法を行っていること、さらに鍼灸《しんきゅう》治療を行っていることが決め手だったそうです。鍼灸は椎間板ヘルニアに効果があると知人から聞き、一縷《いちる》の希望を持たれて来院されました。

初診時のキングちゃんは、診察台の上で立つことができず、じっとしていました。体幹の筋肉、後肢の筋肉はかなり少なくなっていました。

飼い主さんからは「何とか歩けるようにしてく

ださい。高齢ですが、大切な家族です。少しでも改善し、長生きできるようにお願いします」といわれました。

今までの食事を聞くと、タンパク質20％、糖質（炭水化物）45％のフードのみを与えていました。これでは大切な筋肉を増やすことはできません。そこで、タンパク質40％、糖質（炭水化物）20％のフードに変更しました。

そのうえで、サプリメントと点滴による栄養療法、ホモトキシコロジー（ドイツの自然療法）、オゾン療法、鍼灸、レーザー療法、リハビリ、トレッドミル、ドッグマッサージなどの治療を行いました。

すると、2週間後には少し立てるようになりました。1カ月後には少しずつですが歩行ができるように。体幹の筋肉もしっかりしてきました。初診から約4カ月後には、元気になって食欲も出てきて、よく動けるようになりました。

ただ、歩行は可能となりましたが、その後は下痢、血便、嘔吐《おうと》などの消化器症状、頻尿、血尿、膀胱炎などを繰り返すようになりました。未去勢でしたので、前立腺肥大に伴う泌尿器系のトラブルと推察されました。そこで、体調が安定している時期を待って、去勢手

▼症例④のトレッドミル（水浴療法）の様子

▼症例④の鍼灸治療の様子

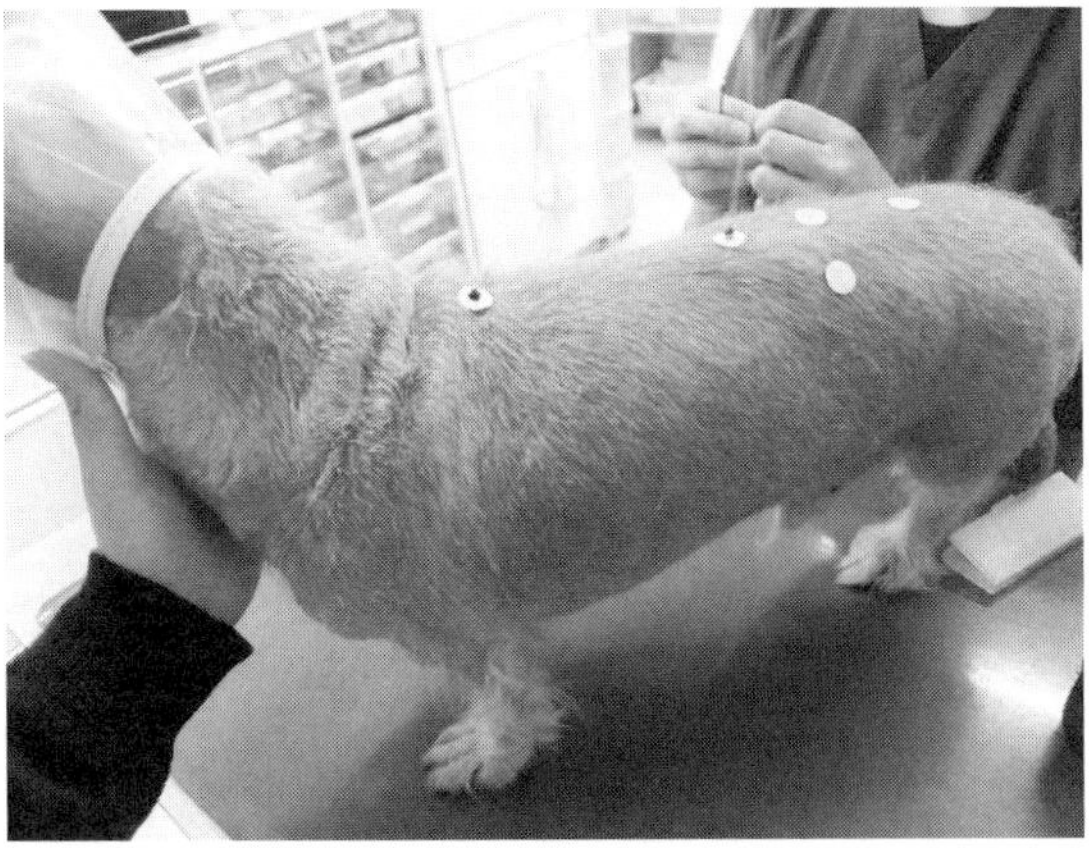

術を実施しました。手術後は尿のトラブルはなくなりました。

しかしその後、難治性鼻炎、鼻部の腫れ、頻繁なくしゃみ、原因不明の流涎《りゅうぜん》（よだれが出ること）を繰り返すようになりました。これらの症状に対しては、ＣＢＤオイル（115ページ）を投与することにより改善が見られました。

血液検査データからは、アルブミンという重要なタンパク質の値の低下が見られました。そのため、再度食事の相談をして、タンパク質の強化を目的に、手づくり食をトッピング（135ページ参照）してもらい、サプリメントも継続してもらいました。

そうして現在のキングちゃんは、飼い主さんの努力の甲斐もあって、元気に走り回っています。16歳になりますが、体幹の筋肉、後肢の筋肉もしっかりして、とてもその年齢には見えません。

リハビリなどのトレーニングだけでは、ここまでにはなりません。回復できたのは、何より、食事で体調と元気の底上げをしたからだと思われます。食事は体をつくる基本であり、すべての元気の源である、基本の「き」なのです。

一生車イス生活といわれ、一時は絶望の状態でしたが、飼い主さんは、「すっかり若返りました。16歳と高齢ですが、今までで一番体調がよいです」と喜んでいます。

2章

愛犬にとって
いいことたくさん！
「栄養療法」のメリット

最新栄養医学でわかった、
愛犬の食事の新常識

犬も人間も、体は「食べたもの」でできている

「あなたは食べたものでできている（You are what you eat.）」という英語のことわざがあります。

これはもちろん、人間だけに当てはまるものではありません。動物（犬）の体も、食べたものによってできています。

私は動物の治療に「栄養療法」を取り入れています。

栄養療法はもともと、人間のために生まれた医療です。20世紀後半に北米で活躍した、ノーベル賞受賞者であるライナス・ポーリング博士と、カナダの生化学者で精神科医であるエイブラハム・ホッファー博士によって確立されました。

人間も動物も、食べたものでできているのであれば、食べ物＝体に入れるものによって、健康にもなれば病気にもなります。

栄養療法は、分子整合栄養医学（オーソモレキュラー療法）ともいわれます。私たちの

体にある分子（栄養素）の濃度を、適切な状態に保つことによって、組織（臓器）や細胞の機能を向上させ、病態を改善、さらに病気を予防する治療法です。

一般の栄養学のカロリー計算のようなものではなく、体に必要なビタミン、ミネラル、タンパク質などを分子レベルで解析して過不足を調整します。

難しい説明になってしまったので、人間の例で説明しましょう。

あるホルモンが不足していたとします。それを外から補うのではなく、自分の体内で、ホルモンをつくる材料＝栄養素を適切に補充するというのが、栄養療法の基本的な考え方です。体に必要な基本的な栄養素を十分に補ってあげることにより、自らの自然治癒力が高まり、病気の進行を防いだり、症状を改善したりします。薬などを使った対症療法では効果的な治療を行えない病気に対する、新しい治療法です。

もちろん、栄養療法は不調や病気がある人だけに有効なわけではありません。適切な栄養を摂ることによって、病気を予防し、健康を維持し、ますます元気に、もっと健康になることができるのです。

動物も、食事を通じて細胞に栄養素を取り入れています。その栄養素が、体をつくっている多くの組織の機能を維持し、生命活動を行っています。体の細胞が働くためには、多くの栄養素を必要とします。その栄養素のバランスが崩れれば、何かしらの不調が出てくるのです。

栄養療法では主に「食事のコントロール」「サプリメント療法」「点滴療法（88ページ参照）」のアプローチがありますが、本書では健康なワンちゃんを対象としていることと、家庭で飼い主さんがすぐできることを目的としているので、主に「食事のコントロール」を中心にお話しします。

日本ではじめて動物医療に「栄養療法」を取り入れる

開業して40年、動物の医療に栄養療法を取り入れてからは約15年になります。

病院にはいろいろな不調や病気を抱えた動物がやってきます。アレルギーの子、生活習慣病の子はもちろん、心臓病、肝臓病、腎臓病、椎間板ヘルニア、関節疾患、がんになっている子も来ます。

ほかの病院から「打つ手がない」といわれて転院してきたり、セカンドオピニオンを求めてやってきたりしたワンちゃんは、抗生物質やステロイドなどで薬漬けの状態。フードは処方食を食べている子がほとんどです。

処方食の成分を見せてもらうと、「この成分で本当に元気になるのかな」「動物にはタンパク質と、たくさんのミネラルやビタミンが必要なのに」という素朴な疑問が浮かぶようになりました。

動物の食事について気になってはいたものの、開業当初はそこまで真剣に考えたことはありませんでした。でも、不調が見られるワンちゃんに会うたび、「表面的な治療でいいのだろうか」「食べているものを変えなければ、この子はまた病気になってしまうのではないだろうか」という疑問がぬぐえなくなってきたのです。

「栄養療法」と出合ったのはちょうどその頃です。

新たな治療法を求めて出合った「栄養療法」

私はもともと現代医療に限界を感じて、多くの勉強会に参加したり、ドイツやイギリスの勉強会や開業獣医師のところに行って、診察を見学したりしていました。そうした勉強を続けていくなかで、本格的に統合医療に取り組むことになりました。

きっかけは、人の医師の統合医療養成のための「統合医療塾」の理事になったことです。統合医療塾では、最新の各種の医療について知り、海外の統合医療施設やがん支援センターなどの研修を通して、統合医療の重要性を感じました。そして、あらゆる治療を駆使して、命を改善するようにサポートする医療に魅力を感じたのです。

そうして出合ったのが「高濃度ビタミンC点滴療法」（88ページ参照）でした。統合医療塾の理事をされている医師である水上治先生のセミナーを受講し、ぜひ動物医療にも導入したいと思い、早速「点滴療法研究会」に入会を希望しました。

翌日、点滴療法研究会の柳澤厚生会長より電話がありました。柳澤会長から「動物にもがんがあるんですか？」と聞かれ、「たくさんあります」といったらとても驚かれていました。

その後、動物の点滴療法のプロトコルの作成をサポートしていただき、クリニックでも取り入れるようになったという経緯があります。ちなみに現在では、点滴療法研究会主催で、獣医師のための栄養療法や点滴療法のセミナーを行っています。

あるとき、点滴療法のセミナーに参加した際、「栄養療法」のチラシを目にしました。そもそも、点滴療法は栄養療法の1つだったのです。

よくわからないままに、何かピンと来るものがあり、今度は栄養療法のセミナーに参加しようとパンフレットに書いてある連絡先に電話し、開口一番、「獣医師ですけれど、セミナーに参加できますか」と聞きました。

「人間に栄養が大事だとしたら、動物（犬）も同じなのではないか」

そのときは単純な発想でした。

あとから聞いた話ですが、そのとき電話を受けられた栄養カウンセラーの定真理子先生はびっくりしたそうです。それもそのはず、人間を対象とした医師や歯科医師が参加するセミナーに、いきなり獣医師から電話がかかってきたのですから。

当時は〝人間用〟の栄養療法を学んでいる医師しかいなかったなか、はじめて獣医師として、栄養療法の世界に飛び込んだのです。電話に出てくださった定先生には、その後も動物の栄養療法を学ぶうえで、たくさんのお力添えをいただきました。

栄養療法に出合うまでは、病院に来る飼い主さんに、食事のことを聞いたことはほとんどありませんでした。獣医さんのなかでは、動物に栄養療法を使うなどという発想は、ももともとないのです。

知れば知るほど人間も動物（犬）も、同じように食事（栄養）が大切だということに気がつき、目から鱗《うろこ》の連続でした。栄養は奥が深く、もっと知りたい、もっと動物たちをよくしたいと、今日まで勉強を続けています。

「なぜ、病気が減らないのだろう」という素朴な疑問

時間をもう少しさかのぼってお話しします。私の経歴は少し変わっています。

獣医科大学を卒業したとき、140名の卒業生のうち、女性はたったの4人でした。卒業後は公衆衛生学研究室の助手として勤務し、食品衛生学や腸内細菌の研究をしました。このときに学んだことが現在につながっています。その後、東京薬科大学の助手となり、しばらくは教育と研究生活をしていました。

薬科大学時代に結婚、出産し、育児と研究の両立が難しく体調を崩して退職、一時仕事をお休みしていました。体調の回復後は、人間の総合病院の臨床検査部門に就職し、がん、

腎不全、心臓疾患、肝臓疾患、椎間板・関節疾患、認知症などの加齢性疾患などの検査業務にあたりました。この人間の病院における検査業務を経験できたことは、その後の動物の診療や栄養療法を学んで行く際、大いに役立ちました。

そして、このとき感じたことが、私が栄養療法に興味を持つ出発点になっています。それは、

「こんな大病院で、優秀な医師や多くのスタッフがサポートしているのに、長期入院や改善の見込みがない患者さん、難病で苦しむ人が多いのはなぜなんだろう」

というものでした。特に慢性疾患において、治らない患者さんがたくさんいるのを目の当たりにし、現代医療に疑問を持ちはじめたのです。

その後、東京農工大学の研究生となり、外科・内科などの動物の臨床の現場に入ることができました。大学病院は動物病院から紹介を受けて治療を行う二次診療の施設ですので、難しい症例の動物が多く来院します。ここでも、「なぜ、こんなに治すことができない病気が多いのだろう」という疑問を抱きました。

対症療法から、根本からよくなる治療へ

東京農工大学では、指導教官である外科の教授が鍼灸の研究をしており、麻酔の使用が難しいアフガン・ハウンドの乳線腫瘍の手術に助手として参加した際、鍼《はり》麻酔の効果を目の前で見る機会を得ました。その効果にとても驚き、今度は鍼を学びました。

その間、子ども2人を保育園、小学生に行かせると大学病院に直行し、臨床の勉強をしたあと、夜は家事や子育てをする日々で、寝る時間もないほどの生活を送っていました。

そして、ついに念願の動物病院を開業。長年、人間や動物の医療現場で「なぜ、こんなに病気が多いのか」という疑問を感じていたことから、「病気にならないために病院に行きましょう」をモットーに掲げました。それを話すと、いろいろな方に「それじゃ病院がつぶれますよ」と笑われたものです。

開業後も、自治医科大学で研究生となり、動物の遺伝子や染色体などの勉強を7年ほど続けました。ここでの研究成果が認められ、1997年には麻布大学より、獣医学博士号

を授与されました。

その後は、動物看護関係の専門学校の講師や、4年生の動物看護師を教育する大学（帝京科学大学）の教授を経て、日本獣医生命科学大学獣医保健看護学科客員教授を兼務しながら、開業医との二足のわらじを履く生活をしていました。

開業した当初、1章でも触れた、肝臓病や心臓病、腎臓病、糖尿病などの生活習慣病、関節疾患、皮膚病、歯周病の動物たちとめぐり合いました。

動物たちの病気が治らない、慢性的な病気がどんどん増えている。それなのに治療のメインになっているのは、その症状や病気にスポットをあてて、ピンポイントで治そうとするものだけ。つまり、熱が上がれば熱を下げる、下痢なら下痢を止める、咳が出たら咳を止めるような、対症療法の治療が主です。でも、その根底にあるものは、もっと違うものであるはず。そこを改善しないと、同じことを繰り返すのではないか。

現代の医療は、何か病気があるとそれのみを〝叩く〟治療はしています。でもそれだけでは、動物たちが本当の意味で元気になりません。このままでは、根本的に体のなかの状態をよくすることは難しいのではないか、「西洋医学には限界がある」と痛感しました。

そうして人の統合医療塾に参加し、これまで学んできた鍼灸や漢方、ホメオパシーを治療に取り入れた統合医療センターを、クリニックに併設しました。そこからさらに点滴療法、そして栄養療法を取り入れ、現在に至っています。

「栄養学」に関心を持たない獣医さんが多い現状

病気や不調の原因を叩くのではなく、動物たちに負担なく、もともと持っている自然治癒力を使って体の土台をつくり、底上げできるような方法。それが、「食事」でした。

しかし、不調になったワンちゃんを病院に連れてきた飼い主さんに、フードについて聞くと、今与えているフードの名前を覚えている人はほとんどいませんでした。また、子犬を購入した際にペットショップですすめられたフードを、そのまま何年も与えているケースもありました。

そこで、栄養療法を学ぶようになった私は、飼い主さんに「いつも食べさせているドッグフードのパッケージを持ってきてください」とお願いするようになりました。

獣医師になるためには、獣医学課程のある大学で6年間学んだあと、国家試験に合格しなければなりません。私が学んだ時代は、動物の栄養学の講義は、「飼養学」でした。これは家畜（経済動物）の飼育のための授業であり、ペット（愛玩動物）の栄養学や食事療法について学ぶ機会はほとんどなかったのです。

しかし、最近の獣医大学には臨床栄養学という講座があり、犬・猫・その他の小動物の栄養学を学ぶことができるようになっています。かつては家畜の治療に携わる獣医師が多かったのですが、現在はペットの医療に携わる獣医師が増えています。こうした時代のニーズも反映し、獣医さんの卵である学生たちが大学で臨床栄養学の基礎を学べることは、評価すべきことだと思います。

このように、大学教育のなかに栄養学の講義があるにもかかわらず、栄養学や栄養療法に興味を持つ獣医さんが少ないのはなぜなのでしょうか。

現在の獣医医療は人と同様、対症療法が主になっています。これはまさに今出ている症状を抑える治療です。栄養療法とは根本的に考え方が異なるため、病気になっても食事に意識が向かない獣医師が多いのではないかと考えられます。

また、獣医師は人の医療とは異なり、全科の診療体制が一般的です。犬も猫もウサギも鳥も診るうえに、内科も外科もカバーする。日々そうした診察を行うなかで、なかなか栄養学や栄養療法を学ぶ時間が取れないという現状があるのでしょう。

ちなみに、臨床栄養学の応用編では、主にペットフードの専門家による講義が行われているようです。そのせいか、獣医さんから「ペットフードを与えていれば栄養は十分」「栄養はペットフードから摂取すべき」「人間が食べるものは与えないほうがいい」といわれたと話す飼い主さんも多くいます。獣医さんがペットフードの中身について学ぶ機会はなかなかなく、健康を保つために必要な食事や栄養療法についての知識は、まだ十分に行きわたっていないように感じています。

それでも最近では、熱心に栄養学を学んで、動物の治療に栄養アプローチを取り入れている獣医さんも増えてきています。これは動物や飼い主さんたちにとって、とても喜ばしいことだと思います。

「エサ」から「食事」へと、考え方を変えよう

先ほど述べた「飼育学」では、家畜のエサについて教えます。しかし、家族として迎え、

最期を迎えるその日まで家で一緒に過ごし、面倒を見ていくペットは、家畜とは異なります。そんなペットたちに対して「エサ」という言葉を使うことには、どこか違和感を覚えないでしょうか。

これからはペットに与えるものも、「エサ」から「食事」へと考え方をシフトする必要があるのです。

「食事」という意識があったら、同じ食事を、何カ月も何年も与えませんよね。フードの内容や質もよく吟味してから選ぶでしょう。

ドッグフードは昔のものよりも改善されて栄養状態がよくなっているから、以前よりもワンちゃんの寿命が延びた、といわれることもあります。

たしかに寿命は延びたかもしれません。でも1つ1つの細胞の中身はどうなのでしょうか。本当に健康なのでしょうか。長生きしても、生活習慣病や慢性疾患になってしまっては、元も子もありません。病気を引きずったまま、治らないまま長生きさせたいですか？

人間と同じで、単に寿命が延びればいいというわけではなく、健康寿命を延ばすことが大切なのです。

「処方食」を安易に与えることの問題点

忙しい獣医師に代わって、食事をサポートしてくれるのが処方食です。処方食とは、特定の疾患などに対して食事療法を行うことを目的としたフードです。消化器や皮膚、関節のトラブル、肝臓病、腎臓病、肥満など、病気別にいろいろな種類の処方食が用意されています。

こうした処方食は、本来は獣医さんを通して購入するものです。しかし今はネットや量販店で簡単に購入できるようになっています。実はこれが、ワンちゃんの体の栄養バランスを崩す原因になっていることもあるのです。

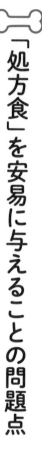

人間に置き換えてみたら、処方食は薬局で薬剤師がいないと買えない薬のようなものです。それを飼い主さんの判断で簡単に購入できてしまう——考えてみたら、とても怖いことではないでしょうか。

また、処方食は、病状によって獣医師さんが処方するものです。症状が改善すればやめることもありますし、変更することもあります。しかし、飼い主さんのなかには、よかれと思って処方食を与え続けている人もいます。その結果、愛犬を栄養不足にしている可能性もあるのです。

処方食は栄養バランスがいい食事とは違います。飼い主さんの自己判断で与えないようにしてください。

薬ではなく、栄養の力で不調は改善できる

あるとき、アトピー性皮膚炎の症状がひどく、皮膚が真っ赤な状態で受診に来たフレンチ・ブルドッグのワンちゃんがいました。ほかの動物病院では「もう治らない」といわれたそうです。

その子の食事も糖質（炭水化物）がメインでした。「今の食事をやめてみますか?」とお話しして食事を変えたら、1カ月で赤みが全部消えてしまいました。

抗生物質やステロイドを投与すればアレルギーは治るかもしれませんが、体をつくるた

めの基本的な栄養素を無視しては、根本治療にはなりません。元気になってもまた、同じことの繰り返しです。抗生物質を投与すると、お腹の弱いワンちゃんの場合、1回で腸内細菌のバランスが乱れ、下痢を起こしてしまうこともあります。

ほかにも、栄養状態が悪く、ほとんど歩けずボロボロの状態で来たワンちゃんが、食事を変えたら1カ月で歩けるようになるなど、「栄養の力がないと、この子たちは救えなかった」と思える例は、枚挙にいとまがありません。

犬の寿命は大型犬では12年〜13年、小型犬で15年ともいわれています。ほかの病院で「もう年だから仕方ないね」といわれてしまったワンちゃんが来ることもよくあります。でも私は、前に紹介したキングちゃんのように、16歳の犬でも決して年だとは思っていません。

いつからでも元気になれる、何歳でもその子のベストな状態まで戻せるのが、栄養の力なのです。

「栄養療法」で重視している血液検査の中身

栄養療法では、通常の健康診断以上に細かい血液検査を行います。

血液検査の目的には、次のようなものがあります。

・病気かどうかの診断
・病気の原因を探る
・病気でないという確認をする
・将来なりそうな病気を未病のうちに治療する
・不足している栄養素を調べる
・体に必要な栄養素の種類と量を見る
・予防医学に役立てる

人間の場合の検査項目は60項目ですが、犬の場合は保険に入っているワンちゃんも増えてはいますが、入っていないことも多く、お金もかかるため、35項目ほどを調べています。

そのほかに必要に応じてアレルギー検査も行います。

血液検査のデータに基づいて不足している栄養素を判断し、食事に気をつけながら、必要に応じてサプリメントで補います。

たとえば、77ページにあるのが、健康診断で来た3歳のチワワのデータの一部です。8項目のうち5項目が基準値内、3項目はやや低い数値です。一般的な血液検査では、やや低い数値が出たら「様子を見ましょう」という評価がされます。つまり、この血液検査では、「栄養状態問題なし」「肝機能・腎機能正常」となります。

獣医さんからは、「様子を見ましょう。症状が出たら治療しましょう。食事は、今までのフードで大丈夫！」という結果となり、飼い主さんはひと安心というところでしょう。

ところが、栄養療法的に評価をすると、まったく違います。

「タンパク質不足」「ビタミンB群不足」「亜鉛・マグネシウム・銅などミネラル不足」となり、「食事の見直しが必要です」という結果になります。具体的には、これまでお話ししたように、タンパク質を多く含むフードで、低糖質で穀物はゼロのもの、手づくり食などを検討してもらいます。

糖質の多いおやつもやめてもらい、与えるとしたらタンパク質が多いものに変更してもらいます。

同じ検査項目でも、栄養療法の視点で見ると、その子の不調の原因が見えてきます。

健康診断に来たチワワ（3歳）の血液検査データ

検査項目（単位）	一般的な基準値	一般的な評価	初診時データ	栄養療法での評価
総タンパク（g/dl）	5.5 ～ 7.7	基準値内	5.5	タンパク質不足傾向
アルブミン（g/dl）	2.5 ～ 3.8	やや低下	2.4	タンパク質・ビタミンB群不足
ALP（U/l）	49 ～ 298	やや低下	41	低値で亜鉛・マグネシウム・銅不足、高値で胆管のトラブル
AST（U/l）	18 ～ 65	基準値内	18	低値でタンパク質・ビタミンB群不足、高値で肝炎、脂肪肝など
ALT（U/l）	20 ～ 99	やや低下	19	低値でタンパク質・ビタミンB群不足、高値で肝炎など
尿素窒素（mg/dl）	6 ～ 31	基準値内	8	タンパク質・ビタミンB群不足、タンパク質代謝低下
クレアチニン（mg/dl）	0.4 ～ 1.6	基準値内	0.4	タンパク質不足、筋肉量低下
総コレステロール（mg/dl）	85 ～ 337	基準値内	96	タンパク質・ビタミンB群・ビタミンA・ビタミンE不足

健康診断では「異常なし」、血液検査では正常値でも、なぜか不調がある。飼い主さんから見ておかしいと思ったら、その感覚のほうを信じてください。たとえば、以下のようなことがあったら、栄養不足のサインかもしれません。

・最近元気がない
・散歩を嫌がる、疲れやすい
・寝てばかりいる
・遊ばなくなった
・最近太った、やせてきた
・便秘、下痢をしやすい
・食が細くなった
・食べ物の好みが変わった

・被毛のツヤがない
・皮膚病が治らない
・歩き方が遅くなった
・筋肉が落ちてきた

なお、人間の場合、5時間の糖負荷検査を行うこともあります。糖質、つまり食事を摂取したあとの血糖値の変動を調べるのです。この検査を行うと、糖尿病のほか、食後高血糖（血糖値スパイク）の有無を調べることができます。

食後高血糖とは、血糖調節異常の1つで、食後に血糖値が急上昇し、そのあと急降下を起こすことです。血糖値が急激に大きく変動すると、人間ではやる気がなくなる、眠くなるなどの症状がありますが、自覚症状がないことがほとんどです。また、血糖値の乱高下が続くと、血管にダメージを与えてしまいます。

現状、糖負荷検査は犬には行われていませんが、私は犬にもこの食後高血糖があると考えています。

たとえば、ワンちゃんに朝晩2回の食事のほかに糖質の多いおやつをたくさんあげていたりすれば、血糖値の乱高下が起き、それがさまざまな不調につながっている可能性があるのです。

いいことたくさん！ 「栄養療法」の嬉しい効果

ここで栄養療法を取り入れることのメリットを紹介しておきましょう。大きく分けて3つあります。

① 病気を防ぐ

食事から栄養にアプローチする栄養療法は、病気のワンちゃんのためだけにあるものではありません。すべての年齢に必要であり、健康と思われるワンちゃんにも、もちろん必要です。私はワンちゃんの年齢と、栄養との関係を次のように考えています。

・幼齢期（2カ月～1歳未満）：大きく成長する子犬の時期こそ、栄養が大切。一生の体づくりの基本。
・青年期（1～5歳）：体力をつける時期。タンパク質をしっかり入れる時期。
・ミドル期（6～10歳）：内臓の機能低下に注意。シニア対策はこの時期からスタート。
・初老齢期（11～13歳）：がん、慢性疾患に注意。病気にならないための定期的な血液検査と栄養摂取を。
・老齢期（14～17歳）：老齢期をサポート。ＱＯＬ（生活の質）を向上させ、それを維持することを意識。
・後老齢期（18歳以上）：1日でも長く一緒に過ごせるよう、健康寿命を延ばす。

先にもお話ししましたが、栄養療法を取り入れることによって、健康に過ごすことができ、生活習慣病全般を予防することができます。

また、食事が原因と思われるアトピー性皮膚炎をはじめとした皮膚病や関節の病気、消化器症状の予防と改善をすることもできます。

動物病院には、定期健診などで健康なワンちゃんも来ますが、基本的には何らかの不調があるワンちゃんが来ます。でも、そんな子たちも十分に栄養を摂ることにより、元気を取り戻していきます。

病気になっている子さえ元気になるのですから、今、健康状態に大きな問題のないワンちゃんなら、病気を予防し、なおさら元気でいられます。

栄養療法は若いワンちゃんだけでなく、シニア犬にも有効です。シニア期から老齢期にはしっかり栄養を摂り、アンチエイジング対策をしましょう。

栄養療法で元気になったワンちゃんは、高齢犬になっても毎日喜んで散歩に行き、よく遊び、走り回っている子がたくさんいます。

病気になってからワンちゃんの健康のことを考えても、手遅れになることもあります。元気なうちから病気を予防し、人間と同じように、いつまでも若々しく元気に過ごせるようにしてあげましょう。

② 長生きになる

人間とワンちゃんの寿命を比較すると、人間の1年間はワンちゃんにとって4〜5年に相当します。つまり人間の4~5倍のスピードで老化しているともいえます。これに当てはめて計算すると、人間の1カ月がワンちゃんには約4~5カ月、人間の1日は約6日間にあたります。

私の病院には、他院から「もう1カ月もたない」といわれたワンちゃんも来院します。そんな余命宣告をされたワンちゃんでさえ、栄養状態を整えてあげることで、穏やかに何年も過ごすことができるケースは珍しくありません。

もともと大きな不調がない健康なワンちゃんなら、なおさらです。病気の予防をすれば、長生きになります。

どの飼い主さんだって、愛犬には長生きしてほしいもの。でも、人間と同じで、最後の数年間が介護が必要な状態になっては、やはり大変です。少しでも健康寿命を延ばしたいなら、ぜひ食事と栄養に目を向けてください。

ワンちゃんが、大きな病気をせず、13歳、14歳、15歳と長生きをするだけでも大したもの。とはいえ、年齢とともに多少の不調は出てくるものです。犬種によってなりやすい病気はありますが、消化器疾患や腎臓疾患などを抱えていても、元気な子はたくさんいます。その状態を維持するためにも栄養療法を取り入れてもらっています。

何歳になっても、体幹の筋肉がしっかりついている犬は長生きの傾向があります。背中の筋肉がしっかりついているか、後ろ足の太ももの筋肉（大腿二頭筋）がしっかりついているかなど、飼い主さんもぜひ触ってチェックしてみてください。

人間も同じですが、犬にとっても太ももの筋肉は、もっとも大きな筋肉です。病気になったとき、ここから体を助ける栄養をもらいます。病院でも、診察の際、筋肉がついているかどうかを確かめるとき、まず太ももの筋肉からチェックしています。

筋肉の場所やチェックの仕方については、4章で説明します。やせか肥満かをチェックできる方法です。

③ 薬を使わない、または最小限ですむ

3つ目のメリットは、薬を使わない、使ったとしても量を減らすことができるなど、最小限ですむということです。

犬の病気にはよく抗生物質が処方されます。先ほども触れましたが、腸が弱いワンちゃんの場合、たった一度の抗生物質でも腸内環境が乱れ、下痢や便秘の症状を起こす子もい

ます。そのような場合、通常の病院では、ほかの抗生物質に変更されます。

抗生物質は、細菌感染の治療のために使われます。内服薬や注射、点眼などの方法で投与することで、皮膚炎や歯周病のほか、耳や目の病気などにも効果が期待できます。

人間の場合もそうですが、抗生物質は長期間使わないことが基本です。しかし、皮膚炎などの慢性の病気の場合は長期にわたって使われることが多いのが現実です。

慢性的な病気にただ漫然と抗生物質を使い続けることには、さまざまな問題があります。抗生物質を長期間与えることで、体の免疫力が低下することがあります。また、ビタミン類も消費されます。意識的にビタミンの多い食事やサプリメントを摂ることが必要です。

もちろん、病気の種類や状態によっては、長期的な抗生物質の投与が必要なこともあります。ただ、それによって一時的に症状が改善したとしても、再度症状が出てきて再び薬が処方されることもあります。慢性の皮膚病で来院するワンちゃんは、このように抗生物質を継続的に投与されているケースが多く見られます。

なかには「一生治らないから、抗生物質を使い続けなければなりません」といわれたワンちゃんもいます。そのようなワンちゃんを診ている獣医さんには、食事が原因で病気になるという考え方はありません。見かねた飼い主さんが自己判断で皮膚病用の処方食を購入し、与えていることもあります。

皮膚は多くの栄養素によってつくられています。慢性の皮膚病の場合、栄養不足により症状を起こしていることが多いので、まずは現在与えているフードの原材料や成分の確認が必要になります。

栄養療法は、必要な栄養を十分に補うことによって、病気の改善、ひいては病気にかかりにくい体になることを目指しています。不必要な薬を使わなければ、ワンちゃんの体にも負担がかからず、元気に長生きできるでしょう。

COLUMN

がんの愛犬のための栄養アプローチ

最近は犬の寿命も長くなり、人間と同様に2頭に1頭ががんを発症するといわれています。10歳を超えると約50%ががんにかかっているという報告もあります。そして人間のがんも犬のがんも、がんのみをターゲットにした「手術・抗がん剤・放射線療法」が三大治療法となっています。

私のクリニックには、ほかの病院でこうした三大治療を行ったものの延命が望めず、無残にも治療のシャッターを下ろされてしまったワンちゃんが多く来院します。

抗がん剤を投与されたものの、その副作用による嘔吐、血便、食欲低下で、これ以上の治療はできませんといわれたワンちゃん。抗がん剤をいろいろと変えて治療したものの効果がなく、余命宣告をされたワンちゃん。二次診療の病院に予約を入れ、何カ月も待たされた挙句、抗がん剤以外の治療法はないといわれ、抗がん剤を拒否したら、近くの動物病院で痛み止めをもらうようすすめられたワンちゃん——そのようなワンちゃんの飼い主さんが、何かほかの治療方法はないかと「駆け込み寺」として最後の望みを託して来院されるのです。

私は、がんは生活習慣病と考え、単にがんの局所のみを叩くような治療ではなく、体力、免疫力の低下しているワンちゃんに、栄養療法と統合医療を組み合わせたがん治療を行っています。

人ではがんで死ぬのではなく、栄養低下で死亡するともいわれています。がんになった体こそ、栄養が必要なのです。しかしこのことは、現在の動物医療ではあまり重要視されていません。

がんになった体の栄養状態を改善することなく、抗がん剤や手術、放射線療法を行うことは、弱った体に残されたわずかな栄養を引き出し、体の栄養の貯金を減らすばかりです。

しっかり栄養を入れることで、体の栄養の貯金を増やしてあげることが重要です。高度医療やがんの三大治療法を行う場合にも、その効果を出すためには、体の栄養状態を良好に保つことがポイントとなります。

ちなみに、がん細胞がエネルギー源としているのは、おもに糖質（炭水化物）です。

がんになったワンちゃんは、糖質を制限し、良質なタンパク質と良質な脂質中心のフードを摂取するようにお話しします。がんの治療とあわせて、現在与えているフードの原材料とタンパク質、糖質のチェックも欠かしません。

栄養をしっかり入れることと同時に、私のクリニックでは、「マイヤーズ・カクテル」と「高濃度ビタミンC点滴療法」という栄養点滴を行っています。

「マイヤーズ・カクテル」は弱った体をサポートするために有効で、多くのビタミンB群、ミネラル類を補充するものです。体に必要なアミノ酸、強肝剤などを入れることもあります。

「高濃度ビタミンC点滴療法」はほとんど副作用がないため、ワンちゃんも飼い主さんも安心して行える治療法です。

ビタミンCには自然の抗がん剤作用のほか、免疫力を上げる、活性酸素を抑える、解毒作用、消炎・鎮痛作用、QOLが改善するといった多くの作用があります。このビタミンCを高濃度で点滴することで、症状の改善をはかります。

がんの治療においては、有効な治療法がない、抗がん剤・放射線療法が効かない、抗がん剤の副作用が強すぎる、がんの転移を防ぎたいといった難しいケースにも対応可能です。そのほかに、多くの慢性疾患や皮膚炎の治療の際にも取り入れています。

余命宣告をされたり、抗がん剤の副作用などでボロボロになっているワンちゃんも、栄養療法や統合医療的なアプローチをすることで、寝たきりだった状態から日常生活が送れるようになったり、元気になって食欲も出て、家族と散歩や旅行に行けるようになったりした子もいます。そうして当初告げられていた余命をはるかに超え、天寿を全うします。

残念ながら、現段階では、がんを完治させることは難しいといわざるをえません。しかし、飼い主さんと最期まで穏やかに暮らしていくためのＱＯＬをサポートすることはできます。それを可能にするのが「栄養」の力だと思っています。

3章

愛犬の体にあらわれる栄養トラブルのサイン

空腹を満たす食事と栄養たっぷりの食事は別物

動物病院にやってくる犬のほとんどは、栄養不足!?

私は、現代に生きるワンちゃんの多くは、必要な栄養が足りていない状態にあると考えています。

栄養が不足していると、体を構成する細胞の機能が下がり、生命活動を維持するのに必要なエネルギーがつくれなくなります。また、ウイルスや病原菌に感染しやすい、有害な物質を体外に排出することができない（解毒できない）といったことが起こります。

このような状態が体の不調につながり、病気になりやすくなるのです。

家庭で飼われているワンちゃんでさえ栄養不足だなんて、大げさだと思いますか？

「（栄養バランスはさておき）毎日ちゃんとドッグフードを食べているし、栄養不足であるわけがない」とほとんどの飼い主さんは思うでしょう。

でも、ここでお伝えしているのは、お腹を満たすだけの栄養ではなく、健康をずっと維持するのに必要なだけの栄養が足りていない、という意味です。

特に不足しているのは、タンパク質、ビタミンB群、ミネラルです。

人間も同じですが、いくら食べ物を食べていても、そこに本当に必要な栄養素が含まれていなかったり、栄養がたくさん使われてしまったりすれば不足します。たとえば糖質の高いドッグフードを食べれば、その代謝のためにビタミンB群が大量に消費されます。そうなれば、いくらビタミンB群が添加されたフードを食べても、不足してしまうことになります。特に糖質が多いフードは、ビタミンB群が不足しがちになります。

今、ワンちゃんに目に見える不調や病気があらわれている場合は、何らかの栄養不足があるということはわかりやすいでしょう。

でも栄養不足があるのは、不調が見られるワンちゃんだけではないのです。一見すると健康なワンちゃんにも、栄養不足、栄養障害が見られます。というよりも、冒頭でお話ししたように、ほとんどのワンちゃんは潜在的に栄養不足なのです。

今、不調が出ているのは、まさに氷山の一角。その下には、多くの栄養不足が隠れているのです。

ワンちゃんは自分で食事を選べません

ここで、必要な栄養が足りないとなぜ病気になってしまうのか、説明しましょう。

人間もワンちゃんも、体のなかでは細胞が常に生まれ変わっています。細胞も、それをつくる物質は、いうまでもなく食べ物から摂取する栄養素から供給されています。供給された栄養素が分解され、必要なところで使われて排泄されます。この、供給された栄養素がきちんと分解されることを「異化」といいます。

一方、その流れとは別に、使われたあと、再び合成する流れもあります。これを「同化」といいます。

「異化＝同化」であれば、細胞の機能は一定であり、健康が維持されます。「異化＞同化」、つまり異化が同化を上回れば、栄養素の合成よりも分解が上回ることになり、細胞の機能は低下し、老化や病気を引き起こします。そして「異化＜同化」、異化が同化を下回れば、細胞の機能はアップし、アンチエイジングやより健康な状態となるのです。

少々難しい話になってしまいましたね。

要は、「異化＝同化」の状態をキープできれば、健康が維持されるということ。「異化＜同化」になれば、さらに元気になるということ。そしてそのためには、材料（栄養）が必要なのです。

寿命をロウソクにたとえてみましょう。ロウソクに火を灯すと、少しずつロウが減っていくように、寿命も年月とともに短くなっていきます。

しかし、栄養素を与える（異化＝同化）とどうでしょうか。年月とともにロウは減っていきますが、同時にロウ（ここでは栄養）がどんどん追加されるため、健康で快適な生活を長く送ることができるのです。

人間に飼われている犬は、飼い主さんがどんな食事を与えているかで、病気になりやすいか、そうでないかが決まってくるといっても過言ではありません。

一方で、長い間ワンちゃんたちを診てきて実感しているのが、動物は意外と、痛みや弱みや病気を隠すということです。

おそらく野生の本能が残っていて、弱いところを見せると襲われたり、なわばりを取られたりしてしまうからでしょう。ですから、よほど悪くなってからでないと、飼い主さんが気づかないことも多いのです。食べない、元気がない、動かない、寝てばかりいるといった目に見える症状が出たときには、すでにかなり栄養が枯渇《こかつ》し、症状が進んでいる、ということもよくあります。

また、動物の治療に長く携わっていて気づくのは、人間と違って、病気のサインが見え隠れしている程度では、なかなか飼い主さんは病院に連れてこないということです。

お子さんがいらっしゃる飼い主さんならわかると思いますが、もし自分の子どもだったらどうでしょう？　いつも元気なのに、ゴロゴロと横になってばかりいる。「何か普段と違うな、おかしいな」と気づくのではないでしょうか。

特に母親は、ちょっとした子どもの不調に敏感です。小さいお子さんが自分で不調を上手に伝えることができないからこそ、親はよく子どもを観察しているものなのです。でも、自分のお子さんと同じくらい、ワンちゃんに敏感な飼い主さんはなかなかいません。決して動物を下に見たり、飼い主さんを責めたりしているわけではありません。私たち人間とは、そういうものなのです。

だからこそ私は、「ワンちゃんは栄養不足である」ことを前提に診るようにしています。「具合が悪い」と口に出せないワンちゃんだからこそ、毎日の食事に気をつける必要があ

体は「異化」と「同化」を繰り返している

・「異化＝同化」なら…健康を維持できる

・「異化＞同化」なら…病気になる、老化が進む

異化＝同化にするためには、材料（栄養素）が必要

寿命をロウソクにたとえて考えてみると…

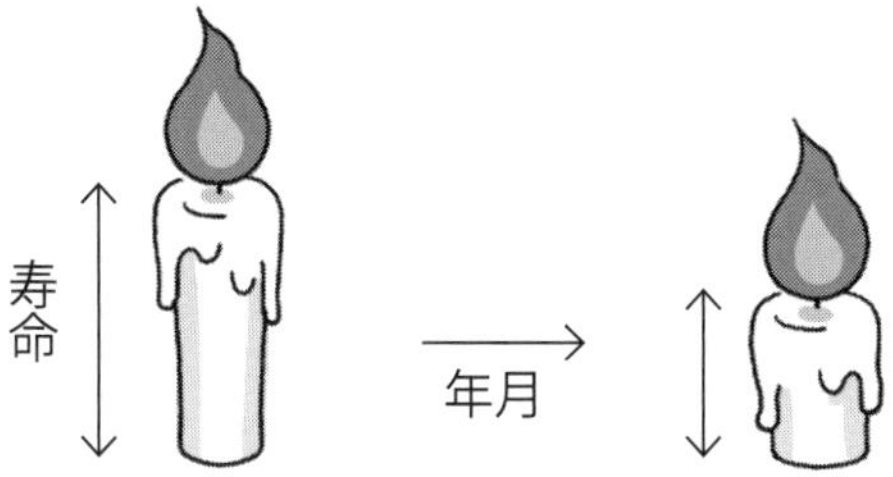

何もしなければ、寿命は年月とともに短くなっていく（異化＞同化の状態）

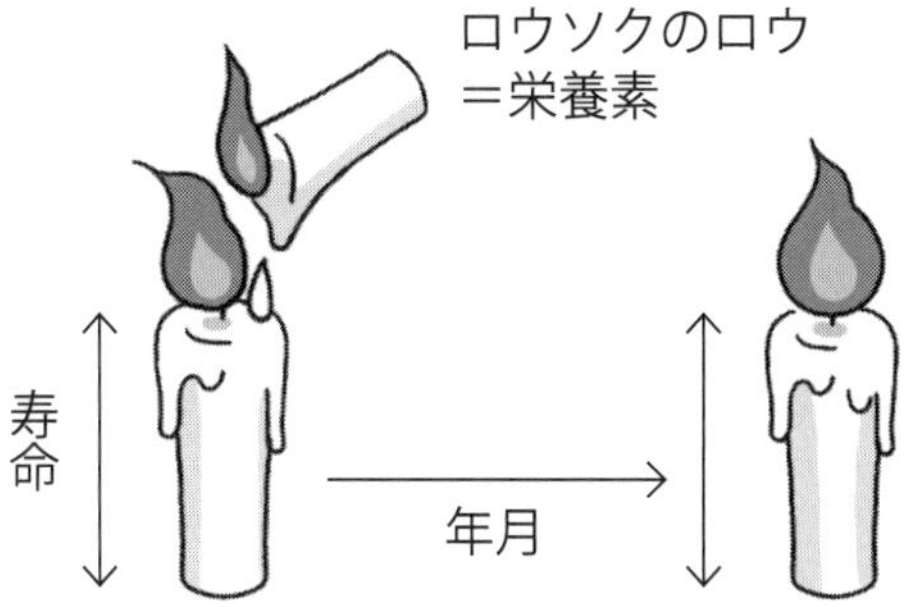

栄養素を与える（異化＝同化の状態にする）ことによって、健康な生活を長く送ることができる

るのです。

栄養不足は特に被毛にあらわれやすい

皮膚や被毛の状態が悪いのは、栄養不足や老化のサインです。

単に「年をとってきたからだ」と思っている飼い主さんもいますが、実は加齢のせいだけではなく、そこに栄養不足が隠れていることは珍しくありません。

その証拠に、必要な栄養が摂れているワンちゃんは、年をとっても皮膚トラブルがなく、毛もツヤツヤしています。

被毛はワンちゃんの見た目を左右します。人間も、同じ年齢でも見た目が若い人と老けている人がいますね。ワンちゃんはそれが被毛、毛並みに出るのです。

具体的には、パサパサしていたり、換毛期でもないのに毛が抜けたり、色が薄くなってきたり、フケが多くなったりします。

通常、健康なワンちゃんは毛がびっしりと生えていて地肌が見えないものですが、上から地肌が見えてしまう場合もあります。

1章で紹介した、脂肪肝とアレルギー症状があったマロンちゃんも、毛がよく抜けて、家のなかに毛が散らばっていたそうです。でも栄養が整うと、脱毛がなくなりました。

皮膚とかかわっている栄養素はたくさんあります。

たとえばタンパク質は、皮膚の材料となる栄養素です。ビタミンB群は、皮膚の代謝に働きます。また亜鉛も皮膚の代謝に必要なとても重要な栄養素です。

皮膚のトラブルでは、皮膚がカサカサしている、ゴワゴワしている、赤くなっている、ジクジクしている、角化している、などがあります。

これらの皮膚の異常はすべて、皮膚に本来存在する栄養素の不足が原因です。栄養素の不足が、ワンちゃんのアトピー性皮膚炎をはじめとした各種皮膚炎、フケ症、脱毛を引き起こすのです。

よく見落としがちなのが「耳」です。耳も、皮膚に覆われています。耳が赤くなっていたワンちゃんが、食事を変えたら赤みが引いてきれいになった例もあります。

皮膚のバリア機能に影響を与える栄養素には、タンパク質、ビタミンB群（ビオチン、ナイアシン)、ビタミンC、ビタミンA、亜鉛などがあります。

皮膚や毛は「内臓」の状態を映し出す鏡です

人間では「皮膚は内臓の鏡」といわれますが、それは犬も同じです。

犬の皮膚は毛で覆われていますが、お腹の毛が生えていない部分や、目の粘膜など剥き出しの状態のところの炎症やトラブルも、食事の改善でよくなることがあります。

皮膚に炎症や赤みがあったり、被毛がパサパサしたりしている場合、内臓でも同じように何らかの炎症やトラブルが起こっていると考えます。実際に飼い主さんにもそのようにお話ししています。

人間もそうですが、栄養は、脳や内臓のほうに優先的に使われますよね。栄養素が最後にたどり着くのが皮膚や被毛であり、優先順位が低いもの。だから栄養不足は皮膚や被毛にあらわれやすいのです。

同時に、毛が抜けたり色が落ちたり、被毛や皮膚に何らかのトラブルがあるということは、内臓にも十分に栄養が行き渡っていないと考えます。

皮膚は犬（猫も同様です）の体重の15〜20％を占めています。そして全身が毛で覆われています。ですから、皮膚と被毛には人間以上にたくさんの栄養が必要です。

被毛や皮膚の変化は、体内の栄養のＳＯＳをわかりやすくあらわしていて、全身の栄養状態の重要なチェックポイントでもあるのです。

愛犬の栄養トラブルがわかるチェックリスト

愛犬の栄養状態にトラブルがあるかどうかは、厳密には血液検査をしないとわかりません。でも血液検査をしなくても、栄養の問題の多くが愛犬の行動や体にあらわれます。

なかでも、ワンちゃんにとってポイントとなる栄養素が5つあります。

今、愛犬にどんな栄養トラブルがあるのか、どんな栄養を必要としているのか、行動や体の状態をもとにチェックできるリストを作成しました。今の愛犬の栄養状態をぜひ確認してみてください。

愛犬の栄養トラブルチェックリスト

愛犬の不調の根底には、タンパク質不足があります。

また、それ以外にも、不調にはさまざまな栄養トラブルが関係しています。

愛犬の体調や普段の様子を見て、以下の項目に当てはまるものがないかチェックしてみてください（いくつでも可）。

	項目
1	便秘、あるいは下痢をしやすい
2	歯石がある。口腔ケアをしていない
3	太っている（チェック法は154～157ページ）
4	歩くのが遅くなった
5	歩き方がおかしい（関節にトラブルがある）
6	筋肉量が少ない（チェック法は154～157ページ）
7	元気がない。寝てばかりいる。疲れやすい
8	散歩を嫌がるようになった
9	毛ヅヤがなくパサパサしている。毛がよく抜ける
10	皮膚病、外耳炎を繰り返す
11	口のなかに腫れやできものがある
12	鼻や肉球がカサカサしている(角化)
13	歯茎から出血する（歯周病）
14	体のどこかに炎症がある

1つでもチェック項目が該当すれば、以下の栄養トラブルがある可能性があります。

チェックがついた項目	栄養トラブルタイプ
1～3	A．糖質過多タイプ
4～6	B．タンパク質不足タイプ
7～8	C．タンパク質不足＋ビタミンB群不足タイプ
9～12	D．亜鉛不足タイプ
13～14	E．ビタミンC不足タイプ

Ⓐ糖質過多タイプ

1〜3のいずれかに◯がついたワンちゃんは、「糖質過多タイプ」の可能性があります。

多くのドッグフードには、糖質が多く含まれています。よかれと思って与えているフードを通して、知らず知らずのうちにせっせと糖質をあげていることになるのです。

糖質は体にとって貴重なエネルギー源です。ただ、消費量に対して糖質の摂取量が多すぎると、エネルギーとして使い切ることができず、脂肪として蓄積され、肥満を招くことになります。

糖質が多いフードや食材は、歯に付着しやすいという性質があるため、歯石がついているワンちゃんも、糖質を摂りすぎている可能性があります。

また、先にも触れたように、人間では糖質が多い食事をしていると、血糖値が急激に上がったり下がったりする乱高下が起きやすくなります。このような血糖調節異常はさまざまな体やメンタルのトラブルの引き金になります。

私は、糖質の多いフードを食べているワンちゃんにも、同じような血糖調節異常が起きていると考えています。一度、ワンちゃんに食事の前後の血糖値の検査をしてみたいと思っているところです。

糖質過多の可能性が高いワンちゃんは、タンパク質を多く含むフードを選ぶ、フードのトッピング（135ページ参照）にタンパク質を使用する、手づくり食でタンパク質を意識して食べさせるなどの工夫をしましょう。

なお、これまでも「糖質（炭水化物）」と表記してきましたが、炭水化物は、正しくは糖質と食物繊維を合わせたものです。炭水化物のなかでエネルギー源となるものが糖質です。

ドッグフードの成分表には、糖質（炭水化物）の表示義務がありません。糖質が多く含まれているフードかどうかを調べる方法については、4章で説明します。

Ⓑタンパク質不足タイプ

4〜6のいずれかに○がついたワンちゃんは、「タンパク質不足タイプ」です。

ただここまで繰り返しお話ししてきたように、ほとんどすべてのワンちゃんはタンパク質不足です。ワンちゃんには、人間の1・5～2倍のタンパク質が必要ですが、それを満たしている食事をしている子は、いったいどれくらいいるでしょう。

タンパク質は人間も含め、生きていくうえで欠かせない栄養素です。皮膚、骨、被毛、爪、歯、血液、筋肉、各種臓器、消化酵素、ホルモンの材料にいたるまで、すべてはタンパク質からできています。

重要なエネルギー源でもあるタンパク質が不足していれば、生命の維持にもかかわります。免疫機能や消化管機能も低下し、傷の治りが悪くなるなど、さまざまな症状が出てきます。病気の動物に免疫力を高めるというサプリメントを飲ませる飼い主さんが多くいます。しかし衰弱してタンパク質が不足している体に与えても、効果は上がりません。私は、体の栄養（特にタンパク質の量）を改善することが先だと考えています。

タンパク質をたくさん摂っていようといまいと、タンパク質は毎日、体のなかから消費されていきます。そのタンパク質が不足していたら、どうなってしまうと思いますか？エネルギーがなくなり、筋肉がどんどん落ちていきます。血液中のタンパク質が不足すると、筋肉を取り壊し、血液中にタンパク質を供給しようとします。だから筋肉も落ちてしまうのです。また、骨にも支障が出るため関節トラブルも増えてきます。

タンパク質は20種類のアミノ酸から構成されています。そのうち、体内で合成することができないものを必須アミノ酸といい、犬は10種類あって、食事から摂取する必要があります。これらが不足すれば、生命力が落ちていきます。

自分で食べるものを選べないワンちゃんにこそ、良質なタンパク質を多く含む食事やドッグフードをあげるようにしてください。

Ⓒタンパク質不足＋ビタミンB群不足タイプ

7、8に○がついたワンちゃんは、「タンパク質不足＋ビタミンB群不足」タイプです。ビタミンB群は、動物の生命活動の源であるエネルギーの産生に欠かせない栄養素です。エネルギーの代謝に不可欠なビタミンB群が不足すると、当然、エネルギー不足になります。

ビタミンB群とは、ビタミンB_1（チアミン）、ビタミンB_2（リボフラビン）、ビタミンB_3（ナイアシン）、ビタミンB_5（パントテン酸）、ビタミンB_6（ピリドキシン）、ビオチン（ビタミンB_7）、葉酸（ビタミンB_9）、ビタミンB_{12}（コバラミン）の総称です。それぞれの栄養素がお互いに助け合って働いています。

ビタミンのなかでもビタミンB群は、糖質（炭水化物）、タンパク質、脂質の三大エネルギー源が体に取り込まれ、さまざまな働きをするために必要です。ビタミンB群は、代謝ビタミンと呼ばれることからもわかるように、酵素の働きを助ける補酵素として、エネルギーを代謝する働きがあります。

三大エネルギー源である糖質（炭水化物）、タンパク質、脂質をいくら摂っても、ビタミンB群が不足していればエネルギーをうまく回すことができなくなります。そのため、ビタミンB群不足になると疲れやすくなります。

タンパク質を摂っても、脂質を摂っても、糖質を摂っても、その代謝のためにビタミンB群が使われてしまうわけですから、基本的にビタミンB群はいつでも足りないといっても過言ではありません。また、食物が胃腸より消化・吸収され、肝臓に運ばれても、ビタミンB群が十分にないと、タンパク質が合成されないのです。

心臓、肝臓、膵臓、腎臓、皮膚、被毛、甲状腺などの内分泌系の働きを保つためにもビタミンB群は必要とされています。

それだけではありません。赤血球をつくったり、免疫を正常に働かせたりするためにも重要な役割を果たしています。

もう1つ忘れてはならないのは、メンタルの不調との関係です。

ビタミンB群はすべての神経伝達物質の合成にもかかわっているため、不足するとメンタルにも影響が出てきます。ビタミンB群を摂ることは、ワンちゃんの抑うつにも有効だといわれています。

Ⓓ亜鉛不足タイプ

9～12のいずれかに○がついたワンちゃんは、「亜鉛不足タイプ」です。

亜鉛は皮膚トラブルと大きくかかわっている栄養素であり、皮膚をスムーズにつくるために必要なミネラルです。

亜鉛は細胞の正常な分裂を促し、新しい細胞を生み出すのに必要な栄養素で、300種類ほどの代謝に関係しています。コラーゲンの合成にもかかわるため、皮膚にも多く存在しています。

皮膚にトラブルが起こる原因の根底には、皮膚に本来存在する栄養素の不足があります。

アトピー性皮膚炎は、皮膚のバリア機能の低下が原因の1つと考えられています。化粧品のコマーシャルなどで「セラミド」という言葉を聞いたことがありませんか。セラミドとは、肌のバリア機能を働かせるための成分で、肌の角質細胞の間を埋めるもの。不足すると肌のバリア機能は低下し、乾燥しやすくなり、トラブルを起こしやすくなります。

このセラミドの合成を促進するために必要な栄養素の1つが、亜鉛です（タンパク質、ビタミンB群、ビタミンAなども必要です）。

また、年をとってくると鼻や肉球が角化してきます。健康なワンちゃんは鼻がしっとりし、肉球も適度な弾力性があります。逆にいえば、鼻や肉球までしっかり栄養が届いているから、いい状態が保てるのです。

私の病院で診ているワンちゃんも、亜鉛をしっかり摂っている子は、シニア犬でも鼻はしっとりきれいで、肉球の角化もありません。

皮膚と同様、被毛のトラブルも亜鉛がかかわっています。パサパサと乾燥し、被毛のツヤがなくなるのは、それらの材料となるタンパク質が不足しているだけでなく、亜鉛不足も大きな原因。亜鉛には、脱毛を防ぐ作用もあります。

なお、食事により腸から吸収された亜鉛は、その多くがタンパク質と結合して存在しています。肉や魚などの動物性タンパク質の摂取量が増えると亜鉛の吸収も増えるといわれているので、亜鉛摂取と同時に、十分なタンパク質を摂ることが大切です。

また、前にも述べたように、亜鉛は食物繊維やカルシウム、フィチン酸（玄米、ゴマ、小麦などに含まれます）と同時に摂取すると、吸収が阻害されてしまうため、食べるときはできるだけ別に摂取することをおすすめしています。

ドッグフードには亜鉛も含まれていますが、同時にカルシウムや玄米、小麦、食物繊維が含まれています。特に「体重管理」を目的としたワンちゃんのダイエットフードは食物繊維が多く含まれるため、亜鉛の吸収を阻害している可能性があります。

また、亜鉛には吸収しやすいものとそうでないものがあります。もしも吸収されにくいタイプの亜鉛だった場合、圧倒的な亜鉛不足となっている可能性もあるのです。

亜鉛不足が心配されるワンちゃんは、トッピング（135ページ）に亜鉛を含む食材を使うなど工夫してみてください。不足が多い場合は、サプリメントで補ってもいいでしょう。

Ⓔ ビタミンC不足タイプ

13、14に○がついたワンちゃんは、「ビタミンC不足タイプ」です。

ビタミンCにはいろいろな作用があります。そのなかでも重要なのが、抗ウイルス作用、抗がん作用、抗酸化作用、血中の活性酸素の除去などの作用です。

活性酸素というと、悪者のようなイメージがありますが、生きていくためには必要なもの。活性酸素は免疫細胞の一種である白血球からつくられ、ウイルスや細菌をやっつけてくれる大切な役割があります。

大切なものである一方、老化や炎症の原因にもなります。

生きていれば、必ず活性酸素は発生します。呼吸で取り込まれた酸素の一部が活性酸素に変化するのです。そしてこれが過剰になると細胞を傷つけ、老化や炎症を引き起こします。

この体内の活性酸素が自分自身を傷つけ、酸化させてしまうことを「酸化ストレス」といいます。酸化ストレスとは、わかりやすくいえば、体をサビつかせてしまうこと。

これに対して過剰な活性酸素から体を守る働きを「抗酸化作用」といいます。体をサビから守ってくれるのです。よく、人間でもアンチエイジングの作用として使われる言葉なので、知っている人も多いですよね。

私ががんのワンちゃんの治療に、「高濃度ビタミンC点滴療法」を取り入れていることは、すでに説明した通りです。2章のコラムで紹介したように、高濃度ビタミンC点滴療法によって症状が緩和され、穏やかに過ごせるワンちゃんがたくさんいるのです。また、QOLが改善し、とても元気になるワンちゃんをたくさん見てきました。これは、それだけビタミンCに抗酸化作用があるから。またビタミンCには、そのほかにも解毒作用、免疫力を上げる作用、鎮痛効果もあります。

古くから風邪の予防にビタミンCがいいといわれるのも、抗ウイルス作用や抗酸化作用のためです。

加えて、アレルギー反応を抑制する抗ヒスタミン作用もあります。

ところが、獣医さんの間では、犬に対するビタミンCの有効性はあまり評価されていません。なぜなら、人間は体内でビタミンCを合成できない（だから食べ物などで外から摂取する必要がある）のに対して、犬は少量ですが体内でビタミンCを合成することができるためです。

体内で合成するビタミンCの量は、若く、健康で元気な犬であれば問題ないでしょう。ただ、もともとの合成量が少ないので、ひとたび皮膚炎になったり、アレルギーが出たり、ウイルスに感染したりしてストレスにさらされれば、その炎症を抑えるためにビタミンCが使われてしまい、まったく足りなくなってしまうのです。

私はビタミンCを、体全体を底上げしてくれるような栄養素としてとらえています。病気になる前からビタミンCを摂り、抗酸化パワーをつけていきましょう。

COLUMN

愛犬のストレスを軽くするヒント

犬はとてもデリケートです。ワンちゃんを飼っていれば、皆さん実感していることと思いますが、犬は飼い主さんの様子を本当によく見ています。だからこそ、飼い主さんの影響を受けやすいのです。

飼い主さんにはよく、「ワンちゃんの前で悪口をいったり、病気の話をしたりしないでくださいね」とお伝えしています。犬は、よーくわかっていますよ。会話のなかで「○○ちゃん」と犬の名前が出てくるので、自分の話をしていること、そのときの飼い主さんの口調などから、自分にとってよくない話をしていることも。ワンちゃんの病気が心配だからと、不安そうな顔で病気の話をすれば、敏感に感じ取ったワンちゃんにも、その不安が伝染します。

デリケートなだけに、犬はストレスを感じやすいものです。ストレスを抱え、精神症状が出ているワンちゃんには、精神安定剤が処方されることがあります。でも精神安定剤は症状を抑えるだけに過ぎず、動物からエネルギーを奪ってしまう面があります。そこで私のところでは、CBDオイルを使うことが多いです。

CBDオイルには、大麻草に含まれるポリフェノールの一種であるカンナビノイドが含まれており、最近、医療の現場でも注目されるようになりました（CBDオイルは、同じく大麻草に含まれるテトラヒドロカンナビノールが入っていないため、日本でも使用が認められています）。抗酸化作用、抗炎症作用、免疫調整作用、鎮痛作用、抗けいれん作用、自律神経調節作用、睡眠促進作用などがあり、人間だけでなく犬や猫などのペットにも使われています。

ワンちゃんのストレスや不安の緩和や、分離不安の緩和にも使われます。特に老齢動物の認知症、徘徊や前庭疾患などにも有効性があります。皮膚炎、アトピー性皮膚炎、糖尿病、消化器症状、椎間板ヘルニア、変形性関節症のほか、私はがんの治療にも取り入れています。副作用が少なく、動物もストレスなく治療を受けることが可能です。市販のCBDオイルも入手可能ですが、使用する際には必ずCBDオイルの知識がある獣医さんに相談してください。

病院でチワワのマロンちゃんを診たとき、なんとなく周囲に気を使っている感じがしました。飼い主さんに聞くと、前足をずっとなめていて、そこが赤くなって六しまっているとのこと。

様子が気になったので、飼い主さんにご家庭での様子を動画で撮影したものを見せてもらったところ、マロンちゃんが前足をなめるたびに、「やめなさい！」と何回も叱っていました。

ワンちゃんは言葉を理解できません。でもなめることで、飼い主さんがそばに来て、かかわってくれる。だからさらになめるのです。原因は皮膚炎ではなく、日中、長時間留守番をしたり、運動不足になったりするようなストレスにあると判断し、食事指導と併用してＣＢＤオイルを処方しました。そして「なめても問題ありませんから放っておいていいですよ。ただ、気になっても、叱ったり注意したりするのをやめてみませんか」とお話ししました。

それ以降、飼い主さんは食事にも気をつけてくださり、ワンちゃんを叱ることもなくなりました。

飼い主さんが笑顔になることが、犬にとって一番の幸せです。今ではマロンちゃんはとても穏やかになっています。

4章

今日からはじめる、愛犬のための栄養ごはん

「低糖質・高タンパク」な食事が
元気な体をつくります

愛犬を健康にできるのは、飼い主さんだけ

犬の病気は、遺伝的なものももちろんありますが、何よりも食事が大きくかかわっています。

しかし、犬は自分では食事を選べないため、飼い主さんが選んでくれたものしか、食べられません。

少し厳しいことをいうようですが、どの飼い主さんに飼われるかで、そのワンちゃんの運命も変わります。ワンちゃんのためを思うなら、飼い主さんが食事についての正しい知識を得る必要があるのです。

また、愛犬の健康を考える際には、単に寿命を延ばすのではなく、元気で長生きできるように、いかに健康寿命を延ばすかということが重要になってきます。

私は動物の健康寿命の目標を、以下のように考えています。

・精神的に穏やかに生活できる
・大きな慢性の病気がない
・自分で食べることができる
・自分で排泄できる
・飼い主さんとコミュニーケーションがとれる
・散歩ができる

このように、年をとっても少しでも長く一緒に生活できることが、健康寿命の目標となります。

シニア期を迎える頃には、さらに食事の管理、運動管理をすることにより、年齢を重ねてもよい状態で生活をすることができます。また、老齢期になっても、このような目標を意識して生活をすることで、健康寿命を長く保つことができるでしょう。

ワンちゃんにきれいな服を着せたり、楽しいおもちゃを買ってあげたりするのも、飼い主さんの愛情の形だと思います。ただ、同じお金をかけるなら、服やおもちゃより、食事にかけてあげるほうが、健康寿命に直結します。それが、飼い主さんとワンちゃんにとって、一番幸せなことではないでしょうか。

栄養トラブルを防ぐ、ドッグフード選びのポイント

今、ワンちゃんに与えているドッグフードは、ワンちゃんに合っているでしょうか? ここで、ドッグフードの選び方、原材料や成分表示の見方のポイントを説明しましょう。

1 タンパク質の含有量が多いものを選ぶ

ここまで、タンパク質の多いものがいいと、繰り返しお伝えしてきました。質のよいフードには原材料として、肉、魚などの良質なタンパク質が含まれています。また、タンパク質の中身が具体的にわかるように、肉や魚の細かい種類も表示されています。そのため、質のよいドッグフードは、多少割高に感じられるかもしれません。

しかし安いからといってフードの選択を間違ってしまうと、肥満や生活習慣病、さらに

は慢性の病気につながります。

タンパク質の必要量は、年齢や犬種、生活環境により異なります。一般的な目安としては、タンパク質が35％以上のものを選びましょう（腎臓病や一部の肝臓病ではタンパク制限食も必要になりますので、かかりつけの獣医さんに相談してください）。

ここで「g」ではなく「％」といっているのは、理由があります。ドッグフードの成分は、人間の食べ物のように「タンパク質○g」などの重量ではなく、割合（％）で表示されることが多いようです。これを保証成分といいます。それぞれの栄養素の割合が、最低でもどのくらいあるのかということをあらわしています。

ちなみに、粗タンパクの割合が全量の35％未満の輸入品のペットフードには、関税がかかりません。タンパク質の割合を少なくすれば、安く輸入できるということになります。逆にいえば、高タンパクのフードの価格は、国産のものも含めてどうしても高くなってしまうということです。

飼い主さんにとってはちょっと出費がつらいところですが、ドッグフードを丸ごと変える以外にも、このあとお話しするトッピングで栄養素をプラスすることができます。ぜひやってみてください。

② 糖質の含有量が少ないものを選ぶ

ペットフードに含まれる糖質（炭水化物）は、20～30％までのものを選ぶようにしましょう。

「炭水化物＝糖質＋食物繊維」でしたね。糖質は炭水化物のうち、体のエネルギーになるものを指します。炭水化物＝糖質ではありませんが、ここでは便宜上、ほぼ同じ意味合いのものとして、とらえてください。

肉食動物である犬にとって、糖質の消化は得意ではありません。そのため、ドッグフードのなかにはグレインフリーといって、穀物不使用とされているフードもあります。穀物とは、小麦、トウモロコシ、米などを指します。

一見すると、糖質が含まれていないものだと思いがちですが、グレインフリー＝糖質ゼロ、というわけではありません。なかには、グレインフリーの代わりにジャガイモやサツマイモなどのイモ類がたくさん入っているなど、糖質を多く含むものもあります。イモ類は糖質が多い食材です。

ドッグフードの糖質量の計算方法

100 −（タンパク質＋脂肪［脂質］＋食物繊維＋灰分＋水分）＝糖質量

例：タンパク質 20%、脂肪10%、食物繊維15%、灰分７%、水分10%の場合
100 −（20＋10＋15＋７＋10）＝ 38
→糖質の割合はおよそ 38%

そもそも、普通の運動量の犬には、糖質はそれほど必要ありません。

また、ドッグフードの成分表示には、基本的に「炭水化物」や「糖質」という表示がありません。先にもお話ししたように、ドッグフードには法律上、炭水化物や糖質の量を記載する必要がないのです。

ではどうやって、糖質（炭水化物）の割合を計算すればいいのでしょうか。おおまかな計算方法は上記の通りです。

糖質が必要ないとはいえ、一切摂ってはいけないわけではありません。肉や魚（もちろん野菜にも）にも糖質は含まれています。つまり肉や魚、野菜を摂ることでも、ある程度の糖質を摂ることができるのです。

ドライのフードの場合、糖質が多く含まれているかどうかを調べる簡単な方法があります。それが、人肌のぬるま湯に浸すこと。

糖質が多ければ、早くやわらかくなります。タンパク質の多いフードは硬いものが多いので、やわらかくなるのに時間がかかります。

ワンちゃんの肥満対策として、ダイエットを目的としたフードや「体重管理用」のフードを与えている飼い主さんもいるでしょう。

体重管理用のフードは、必ずしも低糖質というわけではありません。その多くは糖質を少なくしているのではなく、脂質を減らしています。脂質の量が少ないと、同時にタンパク質の量も少なくなる傾向があります。

人間もそうですが、ダイエットを考えるとき、どうしても「カロリー」に注目しがちです。カロリーを減らすのに一番わかりやすいのが、「糖質」ではなく「脂質」を減らすことなのです。でも、脂質を減らしただけでは肥満予防にならないどころか、低タンパクになる可能性もあります。よく表示を見てから購入しましょう。

普通の生活をしているワンちゃんは糖質の含有量の少ないフードが必要ですが、やせている場合、肉、魚、卵などのタンパク質より、穀類に含まれている糖質のほうが体内脂肪となりやすく、体重を増やしたい場合にはある程度の糖質が必要になってきます。

同様に、作業犬やアジリティなどの競技をしている犬など、日常の運動量が多い場合は、動物性タンパク質のみではエネルギー不足になることがあります。愛犬の体の状態や運動量を考えて、食事の内容を検討しましょう。

③ 原材料の3〜4番目までをチェックする

パッケージには、たくさんの原材料が表記されています。

原材料は含有量が多い順に表示されています。ポイントは、最初から3〜4番目までに何が入っているかです。だいたい3〜4番目までに書かれているものが、そのフードに多く含まれている原材料になります。

たとえば「チキン、小麦、トウモロコシ、大麦、チキンエキス、植物性油脂……」などと書かれていたとしたら、そのフードには「チキン、小麦、トウモロコシ、大麦」がかなり多く含まれているということになります。

先日、10歳の柴犬の飼い主さんが持ってきたドッグフードのパッケージを見せてもらったところ、「オーガニック、国産、柴犬用」とキャッチフレーズが大きく書かれていました。

飼い主さんはこのフレーズにひかれて購入したそうです。その原材料を見ると、最初から3番目までに、「トウモロコシ、ジャガイモ、小麦」とありました。肉、魚などは入っておらず、植物のみ、炭水化物が主体の原材料でした。そのあとに続く原材料表示にも、タンパク質が多いものはほとんど含まれていません。こうなると栄養バランスが非常に気になります。

10年間、低タンパクのフードを食べていたこのワンちゃんは、長い間皮膚病に悩まされ、ステロイド、抗生物質を投与されていました。そして、がんとなり余命宣告をされて転院してきたのです。

繰り返しになりますが、長い間、高糖質・低タンパクの栄養バランスの悪いフードを与えられていると、体はボロボロになり、免疫力が低下して病気にかかりやすくなってしまいます。また糖質が多い食事が、がんの増殖や増大のチャンスを与えてしまいます。

食事は健康なときも病気のときも、とても大切なのです。

④添加物をチェックする

原材料とともに、添加物もチェックしましょう。

ドッグフードに使用される添加物は、食品や飼料に使用されることを許可されたものであり、動物の健康を損なわないことを確認する試験が行われ、過去の使用実績などから安全であるとされているものです。

とはいえ、それらがどんな影響を及ぼすかまでは、はっきりわかっていません。飼い主さんが判断するしかないのです。

以下、注意していただきたい添加物について、まとめておきます。

・保存料

ドッグフードの保存料は、品質を保つために必要です。

最近ではトコフェロール（ビタミンE）やローズマリー抽出液など、いわゆる天然のものが酸化防止剤として使われることが多くなっていますが、いまだにソルビン酸カリウム、BHAなど体に害を及ぼす危険性のあるものが使われているフードやおやつがたくさんあります。また、人間用には使用禁止になっているものが、犬用に使われることもあります。

・着色料・発色剤

フードに色をつけたり、発色をよくしたりして見た目をよくするためのものです。しかし、そもそも犬にとって、見た目のよさは必要でしょうか。人間と違って、見た目で「おいしそう」と思う犬はいません。

着色料や発色剤は、それを購入する飼い主さんのためのものなのでしょう。できるだけこうしたものが使われていないものを選んでください。

・栄養添加物

ドッグフードには多くの栄養素が添加されています。たくさん栄養素が入っているのはいいことのように思われるかもしれませんが、そもそも原材料に良質なものが使われていれば、あとから栄養素を添加する必要はほとんどありません。

タンパク質の多いフードは、その原材料のなかの栄養が十分なので、ビタミン、ミネラルなどの添加物をあまり入れる必要がありません。入れていてもごくわずかです。ペットフードの栄養バランスを整えたり、有効成分を補強したりするために、ビタミン、ミネラル、アミノ酸などが添加されているのです。

前にも述べたように、総合栄養食の成分基準はＡＡＦＣＯ（米国飼料検査官協会）の基準に基づいています。ＡＡＦＣＯが定めたペットフードの栄養基準に合わせるためには、多くの栄養素を添加しなければなりません。そのフードの原材料の栄養素に問題があればあるほど、それを補うためにさまざまなビタミンやミネラルその他の添加物を入れる必要があるのです。

質のいいフードは、ミネラルがキレート化されていて体に吸収されやすいことに加え、ビタミン類は自然の素材よりつくられ、バランスがよい配合になっています。しかし、飼い主さんが表示を見ただけで、こうしたことを判断するのは現実的には難しいでしょう。

１つの目安としては、なるべく添加物が少ないものを選ぶこと、逆に添加物の多いものは選ばないことです。

⑤高温乾燥よりは低温乾燥のものを選ぶ

一般的なドライフードは、高温加熱処理で生産されています。そのため、安全性や利便性が保たれているといえます。

ドライフードは製造の過程で加熱され、さまざまな工程を経てつくられています。製品として販売されるときには、表示されている成分表よりも、かなり栄養素の低下が見られたり、原材料に含まれていた栄養素が失われていたりする可能性もあります。

これに対して、低温でゆっくり乾燥させてつくられているドライのドッグフードもあります。可能であれば、低温乾燥のものを選びましょう。

もちろん高温加熱したものはすべてよくない、といっているわけではありません。低温乾燥のもののなかには日持ちしないものもあるので、きちんと調べたうえで選びましょう。フードの賞味期限はできるだけ短いもの（6〜7カ月）を選びましょう。

水分不足にならないためのひと工夫

ワンちゃんに、良質な水を与えることはとても大切です。ドライフードだけを食べているワンちゃんは特に水分不足になりがちなので、注意が必要です。

もともと犬は、獲物を捕獲して、それを食事としてきました。筋肉、心臓、肝臓、腎臓などの内臓、腸管、骨髄など、獲物をまるごと食べていたのです。

草食獣の動物を捕食すると、その腸の内容物も食べており、そこから食物繊維を含む栄養を摂っていました。乾燥した獲物はいませんから、本来犬は水分の多いものを摂取してきたのです。

現在、犬の食事はドライフードが一般的です。しかし、ドライフードはこうした本来の食性と異なっています。ドライフードを食べたワンちゃんはよく水を飲みますが、それだけフードとは別に水分を必要としているということです。

子犬のときからドライフードで育てられたワンちゃんのなかには、ドライフードが大好きで、やわらかい食べ物を好まない子もいます。また、あまり水を飲まない犬もいますが、こうしたワンちゃんは脱水状態になってしまうことが懸念されます。特にシニア期〜老齢期の場合は、水分を摂らせるための工夫が必要です。

ワンちゃんは「今日はあまり水を飲んでいないから水分を摂ろう」「喉が渇く前にお水を飲もう」とは思いません。人間にたとえていうなら、高齢者が水分不足なのを自覚せずに脱水状態になってしまったり、熱中症になってしまったりすることに近いのかもしれません。

高齢者にも医師などが、「喉が渇いていないと思っても、体内では水分が不足していますから、意識して水分を摂りましょう」といいますよね。それと同じように、犬にも飼い主さんが、いつでも新鮮な水を飲めるようにしてあげる、食事から水分を摂れるように意識しておく、という心がけが大切です。

忙しい飼い主さんに手づくり食は難しいことが多いので、私は今与えているドライフードに体温程度のお湯や、鶏肉をゆでたあとのゆで汁をスープとしてかけることをおすすめしています。最初は週に1回でもOKです。また、朝夕のうち、夕方だけでもかまいません。

鶏肉のスープは食欲をそそるようですし、肝臓や腎臓への血液量を増やしたり、老廃物の排泄を促したりする効果もあります。慣れてきたら、水分を含んだやわらかめの食材をトッピング（135ページ）したり、スープごはんなどにしてもいいでしょう。

「ローテーション食」で食物アレルギーを防ぐ

毎日毎日同じものを食べさせ続けると、食物アレルギーを起こす可能性があります。

1章でも、9年間同じフードを与え続けてアレルギーを起こしたトイ・プードルのモカちゃんのお話をしましたね。これが遅延型アレルギーです。

人間も同じですが、急性のアレルギーと違い、毎日同じものを食べ続けることでゆっくりと炎症が進み、気づかずに食べ続けてアレルギー症状が出るのです。

本書では、タンパク質を摂るようにおすすめしていますが、一方で同じ種類のタンパク質ばかり与えないようにする必要もあります。

先日、ワンちゃんのタンパク質不足が判明した飼い主さんに、「タンパク質が足りないから、鶏肉をあげてみてください」とお話ししました。そうしたら2カ月後、下痢症状で再びそのワンちゃんを連れてきたのです。まじめな飼い主さんはなんと、2カ月間ずっと鶏肉を与え続けていたのです。

アレルギー検査こそしませんでしたが、おそらく遅延型アレルギーだったのだと思われます。鶏肉を中止したら、下痢は落ち着きました。

タンパク質は大切ですが、やはり同じものを食べ続けていたらアレルギーになってしまう可能性があります。これを避けるためには、同じ食事を与え続けないことです。

やり方としては、1週間のなかで、肉や魚をトッピングするなどして、食事の内容を変えるローテーション食がおすすめ。同じ肉でも鶏肉、豚肉などの種類を変えるだけでもいいでしょう。

「毎日毎日、食材やフードを変えなければいけないの？」と思われた飼い主さん、大丈夫です。2～3日同じものを続けてもいいですし、もっといえば、週ごとに今週は鶏肉、来週は豚肉、ときどきサケ、などというやり方でもかまいません。

あるいは、朝はこれ、夜はこれ、と1日のなかで変化させてもいいでしょう。

まずは、何カ月も何年も同じフードを与え続けないこと、これだけを心がけてください。毎日の食事は、エサではないのです。人と同様に、いろいろな食材を食べることにより、栄養のバランスがよくなります。毎日の食事が体をつくっていることを忘れないようにしてください。

ドライのドッグフードの場合は、フードをブレンドする方法もあります。

単体の食材ではなく、いろいろなものを組み合わせて食べさせるという意味では、2～3種のフードを交ぜて与えてもいいでしょう。

たとえば原材料が肉系のドッグフードがメインなら、魚系が入っているフードを交ぜてみます。1：1なんて難しいことはいいませんから、そのときの状態や食べ具合に合わせて割合は自由に変えてみましょう。

あまり細かいことは気にせずに、飼い主さんが負担なく続けられる方法を探しながら、気楽にやりましょう。

トッピングをするなら「動物用」ではなく「人間用」で

ドッグフードをやめて、手づくり食をあげるのは、もちろん素晴らしいことです。でも現実的に、毎日続けられる飼い主さんは、なかなかいないと思います。

それに、今までずっとドッグフードを与えていた飼い主さんが、いきなり手づくり食といわれても、何をどうつくればいいのかわかりませんよね。

そこでおすすめしているのが、これまでもたびたび登場してきた「トッピング」です。

いつものドッグフードの上に、少量の食材を載せるだけなので、誰でも簡単に、負担なくできる方法です。

【トッピングの基本の考え方】

・たんぱく質を中心に、最初は加熱したものをトッピングする
・水分を含んだ新鮮な食材を使う
・少しずつ試しながら、愛犬に合うものを探る
・難しく考えず、1品からスタート
・味付けは基本的に不要
・ただしワンちゃんに与えてはいけない食材（148ページ）は入れないこと

私は、ドッグフード以外のものを与える際、わざわざ「動物用」のものを選ぶ必要はないと考えています。動物用の食材は法律で定まっていないため、原材料や添加物が気になるものも多く含まれています。人に使用できない原材料や添加物が入っていることもあるため、人間用のほうが、むしろ動物用より安心なものが多いのです。

また、ワンちゃんの健康は大切ですが、それ以上に、飼い主さんが負担なく続けやすいことが大切です。トッピングにわざわざ時間を割く必要はありません。だから飼い主さん

には、「キッチンにあるもので、人間の食事をつくるついででいいですよ」とお話ししています。

お子さんが赤ちゃんのとき、大人用の食事をつくるついでに取り分けて、離乳食をつくりますよね。それと同じ感覚でいいのです。

「犬に人間と同じものを与えてはいけない」という考え方もありますが、基本的に、犬も人間も、食事を口から摂取して消化され、栄養素が代謝されていく過程は同じですので、それほど難しく考える必要はありません。ただし、ワンちゃんに与えてはいけない食材は避けるようにしてください。

以下、トッピングにおすすめのものを紹介しましょう。与える量はワンちゃんの体の大きさにもよりますが、最初はひと口分をトッピングしてみて、お腹の状態を確認するようにしてください。

・肉や魚、卵などでタンパク質をプラス

トッピングにおすすめしたいのはタンパク質です。肉、魚、卵、豆腐などがはじめやすいでしょう。

肉はもっとも取り入れやすいトッピングです。まずは脂肪の少ない鶏のむね肉やささみからスタートしてはいかがでしょうか。もちろん、牛肉、豚肉、ラム肉、馬肉、鹿肉もOKです。最初は生肉を避け、焼いたりゆでたりして加熱したものを細かく切って、1〜2切れトッピングします。

生の肉では、馬肉は脂肪が少なく、老齢の動物にもよいとされています。しかし、体調がよくなかったり、消化器の病気や進行したがんを患っていたりする場合は、いきなり生の肉は与えないようにしましょう。豚肉はトキソプラズマという寄生虫の問題もありますので、生では与えないようにします。

レバーや心臓などの内臓肉は、鶏、豚などが使用できます。内臓肉、特にレバーは新鮮でも生では与えず、必ず加熱してからあげましょう。内臓肉をゆでる際には、ショウガを入れるのもおすすめです。ショウガには殺菌作用、解毒作用、代謝を活発にする作用があります。レバーはトッピングしたり、ショウガと煮てスープごと与えたりすることもできます。

・魚をトッピングするときのコツ

サケやサバ、アジ、サンマ、イワシ、タラ、カレイなどの魚類は、高齢のワンちゃんにもおすすめです。

お刺身として売られている、新鮮なサケ、サバ、アジ、サンマ、イワシもいいですね。青魚に含まれるDHA（ドコサヘキサエン酸）やEPA（エイコサペンタエン酸）は、どの年齢のワンちゃんにもよく、いろいろな病気、たとえば皮膚疾患、関節疾患、心臓病、多くの慢性の病気、がんや認知症の予防効果が期待できます。DHAやEPAは加熱調理で成分量が減少しますので、生のまま与えるといいでしょう。

最初は1切れからスタートしてみてください。ただ、ワンちゃんの1切れは人間にたとえると何倍もの量になります。気に入ったとしても、それだけを与えるのではなく、いろいろな食材をバランスよく与えましょう。

タラ、カレイなどの白身の魚は、そのまま焼いたり、ゆでたり、いろいろな野菜と一緒にスープに入れて与えましょう。昆布でだしをとったり、ワカメを細かく切って与えたりしてもいいと思います。

シニア期には甲状腺の働きが低下するワンちゃんが多くなります。そのようなワンちゃんにも昆布やワカメのスープはおすすめです。ただし、細かくすることが大切。慣れないと未消化になることもあります。

時間があるときに、サンマやイワシをショウガと一緒に圧力鍋で骨がやわらかくなるまで調理しておくのもいいですね。冷凍保存もできます。

卵は完全食品といわれています。ゆで卵1個のタンパク質量は約11gです。タンパク質は体重1kg当たり2gほど必要と考えると、5kgのワンちゃんならゆで卵1個で1日のタンパク質量が摂れることになります。

しかし、栄養は総合的に摂らなければなりません。バランスが重要ですので、5kgのワンちゃんの場合、ゆで卵を半個から4分の1個程度を、1週間に2回ほど与えるようにします。ゆで卵のほか、スクランブルエッグや卵スープにしたり、茶わん蒸しにしたりして与えてもいいでしょう。

豆腐や高野豆腐、おから、納豆もOKです。ワンちゃんは意外と納豆が好きです。与える場合は、ひきわり納豆にしてください。

・牛乳よりも豆乳がおすすめ

牛乳は、絶対に与えてはいけないわけではありませんが、犬は牛乳に含まれている乳糖を分解する酵素が少ないといわれています。何より、牛乳は牛のお乳です。あえてワンちゃんに与える必要はないでしょう。

あげるなら豆乳がおすすめです。豆乳ヨーグルトもいいですね。また同じ大豆製品である豆腐や厚揚げ、高野豆腐もいいでしょう。ただし、大豆アレルギーの犬もいるので、少しずつ様子を見ながらあげること、また、同じ食材を与え続けないように注意してください。

なお、同じ乳製品でも、カッテージチーズやプロセスチーズ、プレーンヨーグルトは適量ならＯＫです。

・冷凍して使いまわすのもあり

トッピングにはフレッシュな食材を使うのが基本ですが、冷凍しておいたものを使ってももちろんＯＫです。肉は、塊ではなく、１回分ごとに小分けにして冷凍しておくと便利ですよ。

なお、魚などに寄生するアニサキスは食中毒の原因になりますが、冷凍すると死滅するので、冷凍保存はその点も安心です。

私も、鶏のむね肉をゆでてつくったスープを冷まして、小分けにしてから冷凍保存をしています。鶏のむね肉は皮をとり、小さく切ります。通常は鶏むね肉を1~2枚使用します。中くらいの鍋にいっぱいの水を入れて鶏肉を入れ、はじめは中火にし、沸騰したら弱火にして20~30分ほど煮て冷まします。容器に小分けしますが、この際に鶏肉とスープを一緒に入れてもよいですし、スープのみ容器に入れ、鶏肉は別の容器に入れて冷凍して保存してもいいでしょう。使うときは、時間があれば前日に室温で解凍し、なるべく電子レンジは使用しないようにしています。

解凍したスープは、体温程度に温めて与えましょう。フードにかけてもいいですし、スープのみを好んで飲む子もいます。

・缶詰もＯＫ

魚を扱うのが面倒、または苦手な方は、ツナ缶やサバ缶、サケ缶、イワシやサンマなどの缶詰もＯＫです。ただし、味がついているものはＮＧ。水煮、そしてノンオイルのものを選びましょう。

なかには塩分が入っているものもあるので、塩分オフのものを。最近では、食塩不使用の魚の水煮缶が販売されていますの。煮汁にはEPAやDHAが多く含まれていますので、人肌程度のお湯で薄めてフードにかけてあげてもいいと思います。

缶詰から出したら、身をほぐしてトッピングします。はじめての味に警戒する子がいる一方、とても喜び食べたがる子もいます。匂いをかいで食べてくれたら成功です。繰り返しになりますが、ワンちゃんのひと口は、人に換算するとかなりの量になりますので、特に体重の少ない小型犬に与える場合は加減が必要です。

何より飼い主さんが負担なく続けられることが大切です。たとえば朝は忙しくて時間がないという方は、朝はドッグフードのみ、夜はドッグフードにトッピングする、でもいいでしょう。

飼い主さん自身が慣れるまでは、時間に余裕がある週末だけトッピング食にしてみるなど、無理のない範囲で取り組んでみてください。

生の食材を与える際の注意点

加熱した食材のトッピングにも慣れ、しばらくしたら、生の食材も加えてみましょう。新鮮なものを与えるのが原則です。

・生食可能な肉ならＯＫ

「生の食材を与えて大丈夫ですか」という質問を受けることもあります。

前にも述べたように、犬は人とは消化器の働きが異なり、もともと生肉を食べるような胃の状態になっています。生肉は本来の栄養素や酵素も生きているのでおすすめです。

生肉は細菌が心配だと思われる人もいるかもしれませんが、犬はもともと獲物を捕らえたあと、地面などに穴を掘って埋めて再び食べるという食性を持っています。犬の胃酸のｐＨは1～2の強酸性ですが、これはある程度時間がたった生肉も食べられるようにという理由なのかもしれません（ちなみに人間の胃酸のｐＨは2～4程度の弱酸性です）。

トッピングにおすすめの食材

肉	牛肉、豚肉、鶏肉、羊肉、馬肉、ウサギ肉、カンガルー肉、鹿肉、内臓肉
魚	サケ、サバ、マグロ、アジ、サンマ、イワシ、ニシン、タラ、シラス、ちりめんじゃこ、煮干し、缶詰
卵、乳製品	卵、カッテージチーズ、プロセスチーズ、ヨーグルト
大豆製品	豆腐、高野豆腐、おから、豆乳、納豆
野菜	ブロッコリー、ズッキーニ、キャベツ、アスパラガス、白菜、キュウリ、大根、カブ、ゴーヤ、水菜、モヤシ、小松菜、ブロッコリースプラウト、ゴボウ、キノコ類

・ショウガは少量ならＯＫ。
・カボチャ、サツマイモ、ニンジンは糖質が多いので控えめにする。

日本では食品衛生法をクリアした肉類が販売されていますから、基本的に販売されている生肉は、新鮮なものでしたらほとんど問題はありませんが、人間でも生で食べられるものを選ぶといいでしょう。前述したようにお刺身もＯＫ。現在は生食を専門に取り扱う業者もありますので、こうしたところから購入するのもいいですね。

ただし、何日も保存した古い生肉は、ワンちゃんでも与えてはなりません。加熱して与える場合も、新鮮な生肉を使用しましょう。

また、ドライのドッグフードに慣れている子や、長い間糖質の多いドッグフードを食べていた子は、胃の働きが低下していることがあります。そのような場合は、一気に生肉に変更せず、少しずつ与えるようにしてください。

・生野菜を与える際のコツ

野菜はビタミンやミネラルが豊富なので、ぜひ肉や魚のトッピングと一緒に与えてください。野菜はキャベツ、アスパラガス、白菜、キュウリ、ブロッコリー、ズッキーニ、大根、カブ、ゴーヤ、水菜、モヤシ、小松菜、ブロッコリースプラウトなど、私たちが普段食べている野菜を与えて大丈夫です。エリンギやシメジなどのキノコ類もＯＫです。

野菜の量は最初は少なめにして、お腹の状態を確認しながら、全体の15～20％程度になるようにしてください。

野菜には、フィトケミカルという体を健康に保つための成分が含まれています。フィトケミカルの効果は、抗酸化作用、活性酸素の除去、病気の予防、健康維持、がん予防、生活習慣病の改善や老化の予防などがあります。ドライフード中心の食事でしたら、ぜひトッピングしてあげてください。活性酸素を除去することにより、さまざまな生活習慣病の予防や老化に対しても効果が期待されます。

フィトケミカルを多く含む食材は、セロリ、パセリ、大根、ブロッコリー、柿、スイカ、ニンジン、カボチャ、ホウレン草、紫芋、ブルーベリーなどがあります。

野菜の場合、生で食べてもゆでたものを与えても大丈夫ですが、生の葉物野菜は細かく切ったり、硬いものはゆでて小さく切ったりして与えましょう。犬は野菜の細胞膜を消化する酵素が少ないので、細かく刻んだり、つぶしたり、ミキサーでペースト状にして与えるようにしてください。

大根おろしは、ジアスターゼという消化酵素が多く含まれているので、トッピングにおすすめですが、苦味のある大根は避けるようにしてください。

野菜は基本的に何を与えても大丈夫ですが、前にも述べたように犬は糖質（炭水化物）を消化することが苦手なため、糖質が多いものはなるべく与えないか、与えるとしても少量にとどめてください。

糖質が多い野菜には、カボチャ、サツマイモ、ニンジン、ゴボウ、トウモロコシなどがあります。

たとえばカボチャは、糖質が多いもののβ《ベータ》カロテンやビタミンB群、ビタミンC、ビタミンEを豊富に含んでいる優秀な食材です。カボチャをトッピングしたいときは、ゆでてから細かく刻んだり、マッシュしたりしてから、少量を与えるようにしてください。

最近の野菜は、昔に比べて含まれる栄養素が低下しているといわれます。なるべく旬《しゅん》のものを選んだり、可能なら有機栽培のものを選んだりして、栄養を豊富に含む野菜を与えてあげましょう。

犬に与えてはいけない食材

犬に与えてはいけない食材についても知っておきましょう。

・ニラ、タマネギ、ネギ、ニンニク

貧血、下痢、嘔吐、発熱などを引き起こす恐れがあります。加熱しても犬にとって有害な成分は分解されないので、調理済みの食べ物でも注意が必要です。

・チョコレート

甘いものが好きなワンちゃんは多いですが、与えると、嘔吐、下痢、発熱、けいれんなどを起こすことがあります。飼い主さんは、犬が近づくところにチョコレートを置いておかないようにしましょう。

・イカ、タコ、エビなどの甲殻類

絶対にダメではありませんが、消化が悪いため、食べさせないようにしましょう。

・ブドウ、干しブドウ

特にブドウの皮や、干しブドウは腎不全の原因になります。パンに入っているブドウも同じです。

・トロピカルフルーツ

酵素が豊富に入っている点はいいですが、アレルギーを起こしやすいため、避けたほうがいいでしょう。

・香辛料など刺激が強いもの

胃腸への刺激が強いため、嘔吐や下痢をします。

・キシリトール入りガム

犬が食べると少量でも血糖値の低下、嘔吐、肝不全などを起こします。

・コーヒー

コーヒーに含まれるカフェインが問題です。嘔吐、下痢、けいれんなどを起こします。コーヒー以外にも、カフェインを含む緑茶、紅茶、烏龍茶、ほうじ茶、ココアなども気をつけましょう。

・糖質を多く含む食材（パン、米、麺類、甘いものなど）

絶対にダメではありませんが、ここまでお話ししてきた通り、糖質はさまざまな不調の引き金になります。糖質は肉や魚、野菜、良質なドッグフードにも適量含まれているので、それで十分。あえて糖質の高い食材を食べさせる必要はありません。

いきなりフードを変更するのはNG

ここまで読んでこられた方は、愛犬のためにさっそく食事を変えよう、と思ったかもしれません。でも、急に食事を変えると、かえってワンちゃんが体調を崩してしまうことがあるので、フードの変更には注意が必要です。

特に、これまで糖質の多い食事を食べていたワンちゃんが、急にタンパク質の多い食事に変わると、下痢をすることがあります。

ほとんどのワンちゃんは、1〜2種類程度のフードだけを食べてきていて、そのフードで腸内環境がつくられています。フードを分解するのに適した腸内細菌のバランスができているところに、いつもとは異なるタンパク質が急に入ってくると、これを分解することができません。その結果、お腹がびっくりして下痢を起こしてしまうのです。

下痢がちの子の場合、フードの切り替えは徐々に行うようにしましょう。新しいフードを、まずは、2〜3粒口元に持っていき、興味があるか確認します。食べてくれるようでしたら、いつものフードに新しいフードをスプーン1杯ほど入れてみます。食べてくれたらこの量で2～3日与え、便の状態を確認します。

次に新しいフードをスプーン2杯ほど入れて、さらに3日間様子を見ます。この状態で軟便や下痢になるようでしたら、もとのスプーン1杯に戻し、便の状態を見ながら量をコントロールします。

この状態を繰り返しても軟便や下痢になる場合は、もとのフードに戻し、ほかのフードを選ぶようにしてください。

下痢がなく食欲のあるワンちゃんでも、最初の1週間は新しいフードを20～25％ほど入れて便の状態を見て、問題がなければ50％、60％……と、2～3週間かけて少しずつ割合を増やしていきます。お腹がゆるくなったら前の量に戻し、しばらくしてからまた新しいフードを交ぜていきます。

さらにトッピングを追加する際は、新しいフードに変更後、しばらくしてから行うようにしてください。加熱した肉などを1～2切れトッピングしながら様子を見ます。こうしてゆっくり新しい食事に慣れさせていきましょう。

食事量と栄養バランスの目安

食事の量の目安は、市販のドッグフードの場合、パッケージに表示してあります。トッピングなどをする際は、大体の目安として、1回の食事量が犬の頭の鉢（耳の付け根から頭頂部までの部分）の大きさくらいと考えるといいでしょう。

栄養バランスとしては、「肉や魚などのタンパク質が35〜48%、糖質20%、海藻・野菜類40%」くらいになるようにするといいでしょう。

「もっと正確な量を知りたい」という方もいらっしゃいますが、同じ体重でも犬の年齢（ライフステージ）、運動量によって変わりますし、犬種によっても違います。

細かく測らなくても、目分量で大丈夫。私たち人間だって、いちいち測って食べませんよね。それよりも、ワンちゃんの体型を見ながら、調整することが大切です。

そこで、飼い主さんによるワンちゃんの体型チェックが重要になってきます。

筋肉量と脂肪量をチェックする方法

愛犬の肥満が気になる方もいるでしょう。ワンちゃんの体型は人間と違って、太っているのかちょうどいいのかわかりにくいもの。愛犬の理想の体型を維持するために役立つのが、BCS（ボディ・コンディション・スコア）です。

BCSとは、ワンちゃんの見た目と触った状態から、脂肪のつき具合を5段階で評価したもの。

BCS1は「やせ」、BCS3は「理想体型」、BCS5は「肥満」となっています。体重ではなく見た目と触った感じで判断するので、飼い主さんでもわかりやすいものです。

まずは筋肉量をチェック。触ってほしいポイントは、背中と太ももの2箇所です。ここはあまり脂肪がつかない部位なので、筋肉がついているかがわかりやすいポイントです。

背骨を挟んで背中をなでるように触ってみてください。そこがしっかりしていること、横から見て背中がまっすぐ横に伸びていることが大切です。お尻のほうに行くにつれて背

筋肉のチェックポイント

中のラインが下がっていると、筋肉不足です。背骨を支える筋肉が足りず、姿勢をキープできていないのです。

次に後ろ足の太ももにある大腿二頭筋を両手で挟むように触ってみます。そこに筋肉がついていて、しっかり弾力があるようならＯＫ。もしも挟んだ両手が近づきすぎるすぎるようなら、筋肉不足です。私は鶏のもも肉を想像してくださいといっています。鶏のもも肉のようにしっかりと筋肉があるようでしたら良好です。

脂肪をチェックするのは、首まわり、脇の下、お腹まわり、お尻まわりの４箇所です。この４箇所が脂肪がつきやすい場所です。

理想的な体型は、肋骨が触れる程度の適度な脂肪がついていて、腰にくびれがあります。横から見ると、腹部の吊り上がりが見られます。

飼い主さんがチェックして肥満傾向があれば、食事の量

筋肉量と脂肪量のチェック法

① 体を横から見て、ウエスト部分のくびれ具合をチェック。

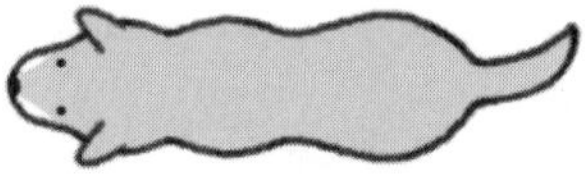

② 体を真上から見て、腰のくびれ具合をチェック。

③ 首のまわりを触って、脂肪のつき具合をチェック。
（長毛種は毛の下に手を入れ、なるべく地肌に近いところに触れる）

④ 脇の下を触って、肋骨の凹凸がうっすらと感じられるかをチェック。

⑤ ウエスト部分を触って、くびれ具合をチェック。

⑥ お尻の部分を触って、腰の骨がどれくらい浮き出ているかチェック。

ボディ・コンディション・スコア（BCS）と体型

BCS1　やせ

肋骨、腰椎、骨盤が外から容易に見える。触っても脂肪がわからない。腰のくびれと腹部の吊り上がりが顕著。

BCS2　ややせ

肋骨が容易に触れる。上から見て腰のくびれは顕著で、腹部の吊り上がりも明瞭。

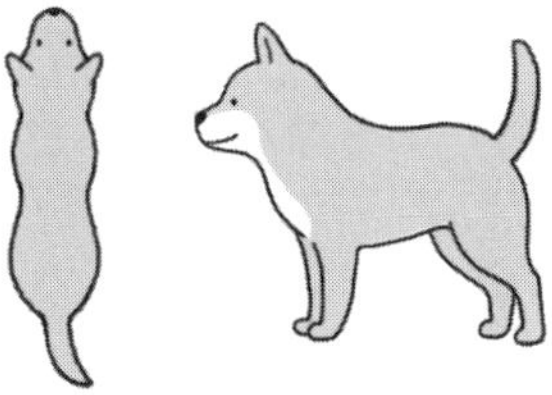

BCS3　理想体型

過剰な脂肪の沈着なしに、肋骨が触れる。上から見て肋骨の後ろに腰のくびれが見られる。横から見て腹部の吊り上がりが見られる。

BCS4　やや肥満

脂肪の沈着はやや多いが、肋骨は触れる。上から見て腰のくびれは見られるが、顕著ではない。腹部の吊り上がりはやや見られる。

BCS5　肥満

厚い脂肪に覆われて肋骨が容易に触れない。腰椎や尾根部にも脂肪が沈着。腰のくびれはないか、ほとんど見られない。腹部の吊り上がりは見られないか、むしろ垂れ下がっている。

（「飼い主のためのペットフード・ガイドライン」〈環境省〉を一部改変）

を調整しましょう。

また、ミニチュア・ダックスフンドやビーグル、ゴールデン・レトリバーやブルドッグなど、遺伝的に太りやすい犬種もいます。こうした犬種の場合は、肥満が見られる前から糖質の少ないフードなどで工夫しましょう。

ただし、一度ついてしまった脂肪を落とすのは大変です。肥満が気になる場合は獣医さんに相談してください。自己流ダイエットは危険です。

また、散歩以外の運動量を増やす工夫も必要です。散歩は健康維持になり、ストレス解消、気分転換という意味でもとても大切ですが、厳密には〝運動〟にはなりません。犬には狩猟本能があります。飼い主さんと歩くだけではなく、時間を見つけてドッグランなどで思い切り走らせてあげましょう。

子犬に与える食事のポイント

新しく子犬を迎えた際の食事はとても大切です。

一般的には、購入したペットショップやブリーダーのスタッフの指導に従うことが多いのではないでしょうか。しかし、ここで誤った食事を指導されたら、それがそのワンちゃんの一生を左右してしまうかもしれません。

あるとき、ペットショップで購入した子犬が来院しました。

とてもやせていて、「ガツガツしていて、食事を与えるとあっという間に食べてしまいます」と飼い主さん。ドッグフードのパッケージを確認したところ、高糖質・低タンパクの食事を与えられていることがわかりました。

また、ペットショップから、数カ月分のフードをセットで購入することをすすめられ、「食事は1日2回与えてください」といわれたそうです。

しかし前にも述べたように、子犬の場合、タンパク質の多い食事を1日3～4回与える必要があります。このワンちゃんは、明らかな栄養不足でした。

子犬はこれから体をつくっていく成長期です。成長期にはタンパク質が欠かせません。糖質が少なく、タンパク質の多い食事を十分与えるようにしてください。

避妊・去勢手術時はタンパク質が特に重要

子犬が成長し、8〜10カ月になった頃には、避妊や去勢の手術が行われます。成長期のため、多くの栄養を必要とする時期ですが、手術前、手術後の2〜3週間は、特に十分な栄養が必要です。

ポイントは、食事の量を増やすのではなく、タンパク質を増やすこと。目安としては、それまでの食事の1・5倍程度のタンパク質を与えるようにします。手術に向けて、事前に高タンパクのフードに変更しておくのもいいですね。ただし術後のデリケートな時期に食事を変更するのは避けましょう。

また、術後も手術対策用の高栄養の食事を続けていると、肥満の原因になります。術後は今までより運動量が少なくなるので、特に糖質の多い食事を与えていると、あっという間に体重が増えてしまいます。手術から3週間程度たったら、いつもの食事に戻し、十分な運動をさせるようにしましょう。

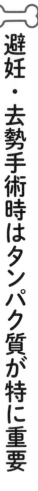

犬の健康寿命を延ばす、7歳からの食事のヒント

犬のシニア期は7〜8歳以降といわれています。大型犬のほうが小型犬より早く年をとり、寿命も短くなります。

老化が進むにつれて、消化力、視力や聴力、運動量が低下し、日中寝ていることが多くなります。さらに、生活習慣病に伴う肥満をはじめとするさまざまな病気になりやすくなります。心臓病、腎臓病、肝臓病、関節疾患、さらにがんなどの慢性疾患が増えてくる時期なので、シニア期には年に2回の血液検査、2〜3カ月ごとの尿検査をおすすめします。

シニア期に注意すべきことの1つに、食事の管理があります。シニア期になって慢性の病気が多くなる理由は、今まで食べてきた食生活にあると私は考えています。まさに生活習慣病=食事の習慣なのです。子犬から成犬になり、シニア期を迎えるまで、健康にいい食習慣を保つことが、さまざまな病気の予防につながります。

最近遊ばなくなった、散歩に行きたがらない、散歩に行っても歩きたがらなくなったと

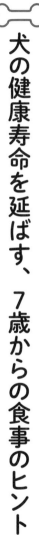

いうのは、老化のサインの1つです。椎間板や関節の問題、さらに体の筋力の低下があるのかもしれません。白内障による視力低下がないかも確認します。

血液検査を行うと、血液のアルブミンや尿素窒素、クレアチニンの量が低下していることもあります。そのような状態が見られた場合は、やはり体内のタンパク質量の低下が考えられます。今食べているフードの確認が必要です。

筋肉量が減少すると、起立した状態で筋肉の震えが起きるようになります。このような状態が見られるようなら、タンパク質を摂れるような食事の見直しと適度な運動が必要です。

シニア期に多い変形性関節症は歩行ができなくなり、ワンちゃんにストレスと体調の変化をもたらします。保存的な治療が多くなりますが、寝たきりにならないような体重の管理、食事の管理が必要です。

シニア期は運動機能が徐々に低下しますので、糖質（炭水化物）の多いフードは避け、老齢期に備えて良質なタンパク質を含むフード、あるいは食事を与えるようにしましょう。

また、消化器の働きも低下してきますので、食事の急な変更は避け、徐々に変えるようにしてください。

健康な犬なら、老齢期にもタンパク質は必須

老齢期になると、さらに体のさまざまな臓器の働きや運動機能にも変化が起きてきます。そのため、今までと同じフード（食事）を食べていても、胃腸や肝臓の働きの低下に伴い、栄養の消化・吸収や肝臓での栄養素の合成も低下してきます。

消化力が低下してくると、1度に多くの食事を食べることが難しくなります。今までは朝、夜と1日2回食べていても、朝ごはんがお昼頃になったり、朝は食べなくなったりすることもあります。1日に摂取する食事量が減ると、体重も減ってしまいます。

そんなときは胃腸の負担を考えて、1回の食事量は少なくても、与える回数を多くしてあげましょう。消化のよい食事や消化酵素などで補ってあげるのもいいですね。

一定量を食べているのに、体重が減ってきているようなら要注意です。病気か、あるいはそれ以前に、食事の内容や量が適切でないことが考えられます。一度、栄養療法に詳しい獣医さんに相談してみましょう。

また、加齢に伴うさまざまな変化をサポートするためには、良質なタンパク質を、シニア期より多めに与えることが大切です。

一般的に、老齢期にはタンパク質量を少なくするようにいわれます。これは腎臓に負担がかからないようにという配慮からです。

しかし、老齢期の動物は体の働きの多くが低下していきますので、成長期と同じくらいの量のタンパク質が必要ともいわれています。また、筋肉や関節を維持したり、内臓の働きを助けたり、免疫力の低下を防ぐためには、ビタミンB群や各種のミネラルも必要です。やはり食事はタンパク質が多いフードが基本です。トッピングや手づくりごはんの場合は、消化に気をつけて良質なタンパク質を与えましょう。さまざまな肉類、内臓肉、魚、卵など、良質なタンパク質を選びます。

鶏肉などを細かく切ってあげたり、ミンチ状にしたり、レバーをショウガと一緒にゆでてフードにトッピングしてもいいですね。DHA（ドコサヘキサエン酸）やEPA（エイコサペンタエン酸）が多く含まれている青魚は、腎臓疾患や認知症の予防によいといわれているため、特に高齢犬におすすめです。

ただしこれは、腎臓の働きに問題がない場合です。腎臓や肝臓に重い病気がある場合は、獣医さんの診察・治療が必要となります。

ちなみに、腎臓病の場合は、リンを多く含む食材は避けてください。トッピングや手づくり食を与える場合、鶏の手羽先のスープは与えないようにします。手羽先に含まれる骨にはリンが多く含まれているからです。また赤身肉にもリンが多く含まれています。

腎臓の働きを確認するには、シニア期と同様、2〜3月ごとに尿検査を行いましょう。特に尿比重検査は、腎臓の働きをチェックするとともに、腎臓の病気の早期発見のために有効な検査です。

前に紹介したミニチュア・ダックスフンドのキングちゃんは現在16歳ですが、最近の検査での尿比重が1・036ととてもよい値で、血液検査の腎臓の検査数値も適正な値でした。そこで椎間板ヘルニアの予防と老齢期の筋肉減少予防のために、タンパク質が多めのフードと良質なタンパク質の食材をトッピングしています。

どんな動物も、加齢に伴う変化を避けることはできません。しかし、食事や栄養を見直せば、快適な生活を送りながら年齢を重ねていくことができるのです。

愛犬と一緒に食べられる！　栄養レシピ

ワンちゃんのためだけに手づくり食をつくるのは、時間も手間もかかり、大変ですよね。ここでは、飼い主さんも一緒に食べられる、低糖質・高タンパクのレシピをご紹介します。特に以下の点を考え、レシピを作成しました。

・糖質（小麦粉や米粉等）を使用しないこと
・高タンパクの食材を使用すること
・良質の油（オリーブ油等）を使用すること
・添加物が含まれていない食品を使用すること

そのまま手づくり食として与えたり、あるいはいつものドッグフードにトッピングしたりするのもおすすめです。ぜひ活用してみてください。

栄養レシピ ❶

鶏むね肉のチーズ焼き

冷凍保存するときは、焼いてから小分けにしましょう。温めて食べるとおいしい！　チーズの香りが食欲をそそります。

［材料］つくりやすい量

鶏むね肉…150g　＊ひき肉でも可
木綿豆腐…100g
ピザ用ミックスチーズ…50g

［つくり方］

① 木綿豆腐は、しっかり水気を切っておく。鶏むね肉と木綿豆腐をフードプロセッサーにかけ、なめらかになるまで攪拌する。
② ①をボウルなどに入れ、ミックスチーズを加えて、全体にチーズが混ざるよう手で混ぜ合わる。
③ 2㎝くらいの大きさの平らな円形に成形する。
④ フライパンにオリーブ油（分量外）を薄く引き、こんがりと両面を焼く（チーズが溶けて焦げつきやすいので注意）。

栄養レシピ 2

元気そぼろ

冷凍保存できるので多めにつくり、いろいろな料理に使いましょう。汁気が少し残るくらいが、味がしみておいしいです。

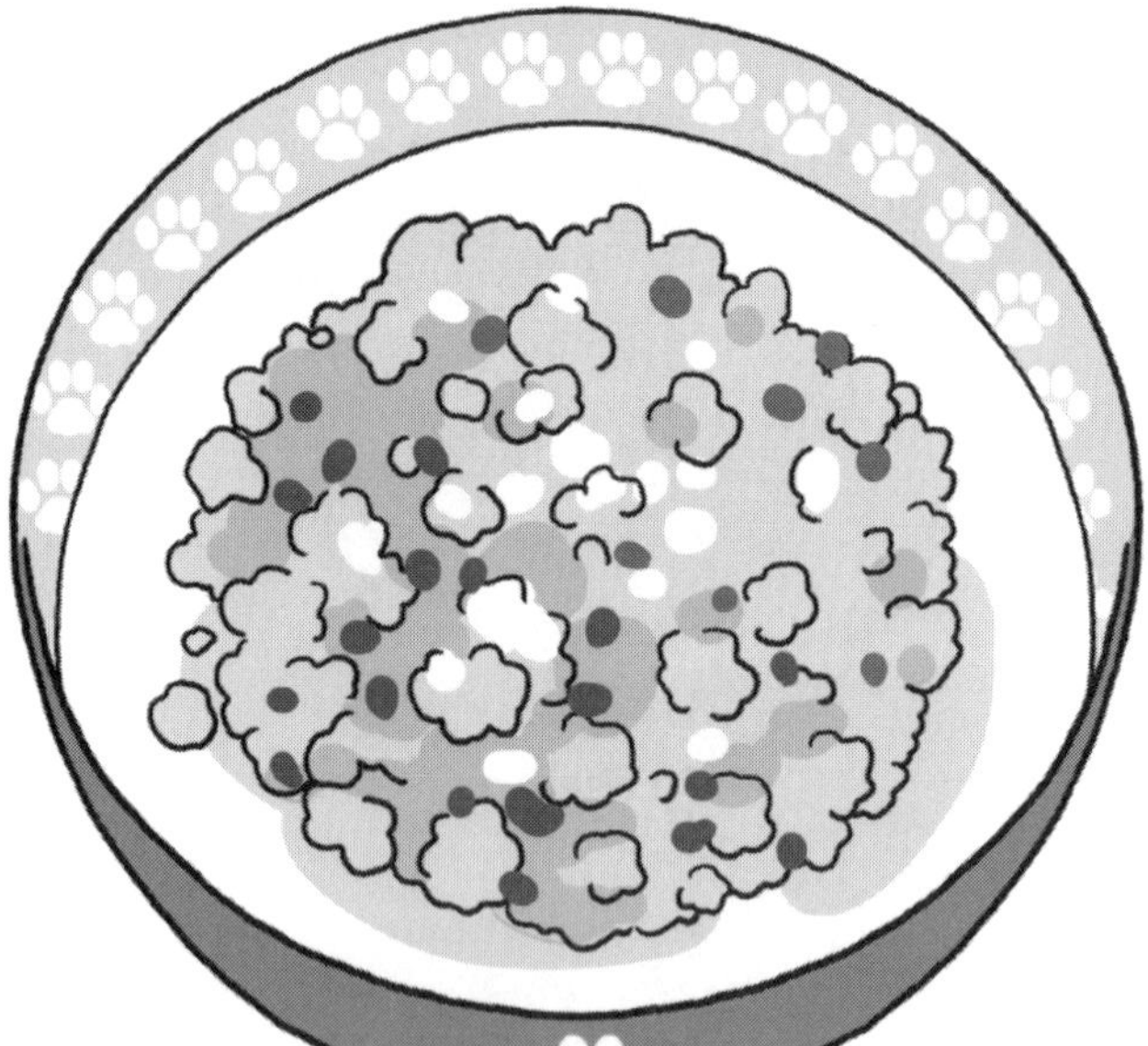

［材料］つくりやすい量

鶏むね肉（ひき肉）… 200g

木綿豆腐 … 150g　＊絹ごし豆腐でも可

ニンジン (すりおろし) … 1/2 本（50g）

小松菜 (細かいみじん切り）… 1 株（40g）

卵（溶き卵）… 1 個

A（調味料）	ショウガ汁 … 小さじ 1
	酒 … 小さじ 2
	水 … 150cc
	煮干しの粉 … 小さじ 1

［つくり方］

① フライパンにAを入れ、中火にかける。

② ①に鶏むね肉と、細かくした豆腐を加え、ひき肉が白っぽくなるまで炒める。

③ 汁が半分くらいに煮つまってきたら、ニンジンと小松菜を入れて炒め煮にする。

④ 汁がほんの少し残るくらいまで煮つめたら、溶き卵を回し入れ、ポロポロのそぼろになるまで炒める。

［こんなアレンジも］

・そぼろ入りオムレツ

卵焼きをつくり、なかにそぼろをはさんで具入りオムレツに。

・オープンオムレツ

卵を溶いて、そぼろを適量混ぜ合わせて焼く。

栄養レシピ③

くるくるソーセージ

魚がたっぷり摂れるレシピ。冷凍保存も可能です。高野豆腐は高タンパクでありながら、つなぎの働きもしてくれます。

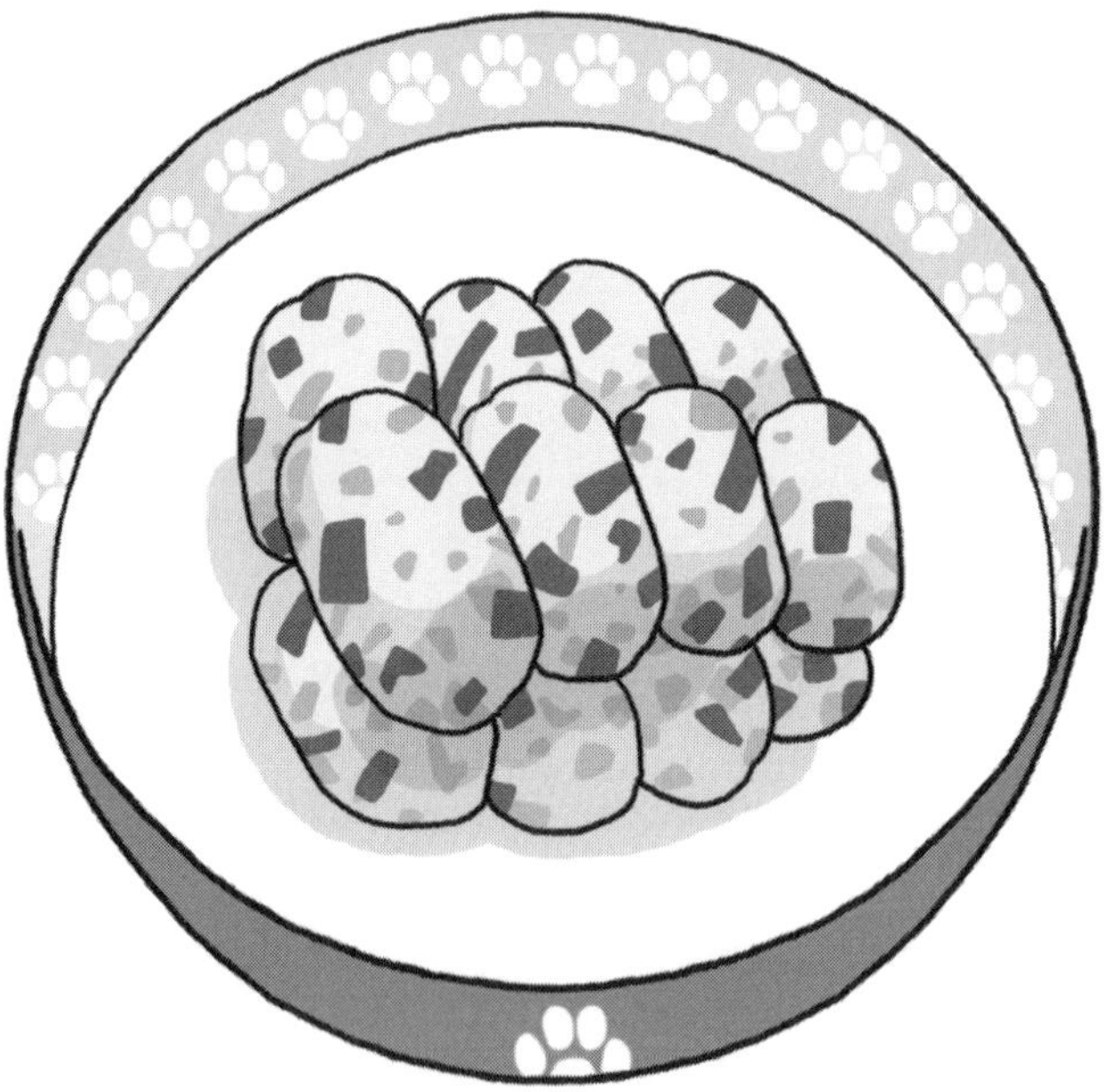

［材料］12本分

白身魚のすり身…160g　＊イワシ、サンマなどでも可

高野豆腐（すりおろし）…1枚（40g）

カニかま…5本

蒸しミックスビーンズ…30g

キャベツ…1枚（30g）

A（調味料）
- 塩…1つまみ
- 酒…小さじ2
- しょうゆ…小さじ1/2

［つくり方］

① カニかま、キャベツ、ミックスビーンズは細かいみじん切りにする。

② すり身に、すりおろした高野豆腐とAを加え、手でよく混ぜ合わせる。

③ ①を加え、さらに混ぜ合わせる。

④ 生地を12等分にして、細長い棒状にする。食品用ラップで空気が入らないようにしながらくるくる巻き、両端をねじって結んだものを12本つくる。

⑤ たっぷりのお湯（分量外）をわかし、④を入れ、10分ほどゆでる。

⑥ あら熱がとれたらラップを外し、食べやすい大きさにカットする。

＊ 魚を合いびき肉に代えてつくることもできます。その際は、70度くらいのお湯で15～20分ゆでます。また、なかに入れる野菜を、別のものに代えてもＯＫ。

［こんなアレンジも］

- **焼きソーセージ**
  フライパンにオリーブ油を引き、こんがりと焼く。
- **スープ等の具材に**
  好きな大きさに切って、スープに入れたり、細かく刻んでトッピングにしたりしても。

栄養レシピ ❹

お魚クッキー

たくさん焼いて、小分けにして冷凍しておくことができます。
ドッグフードにトッピングするのもいいですね。

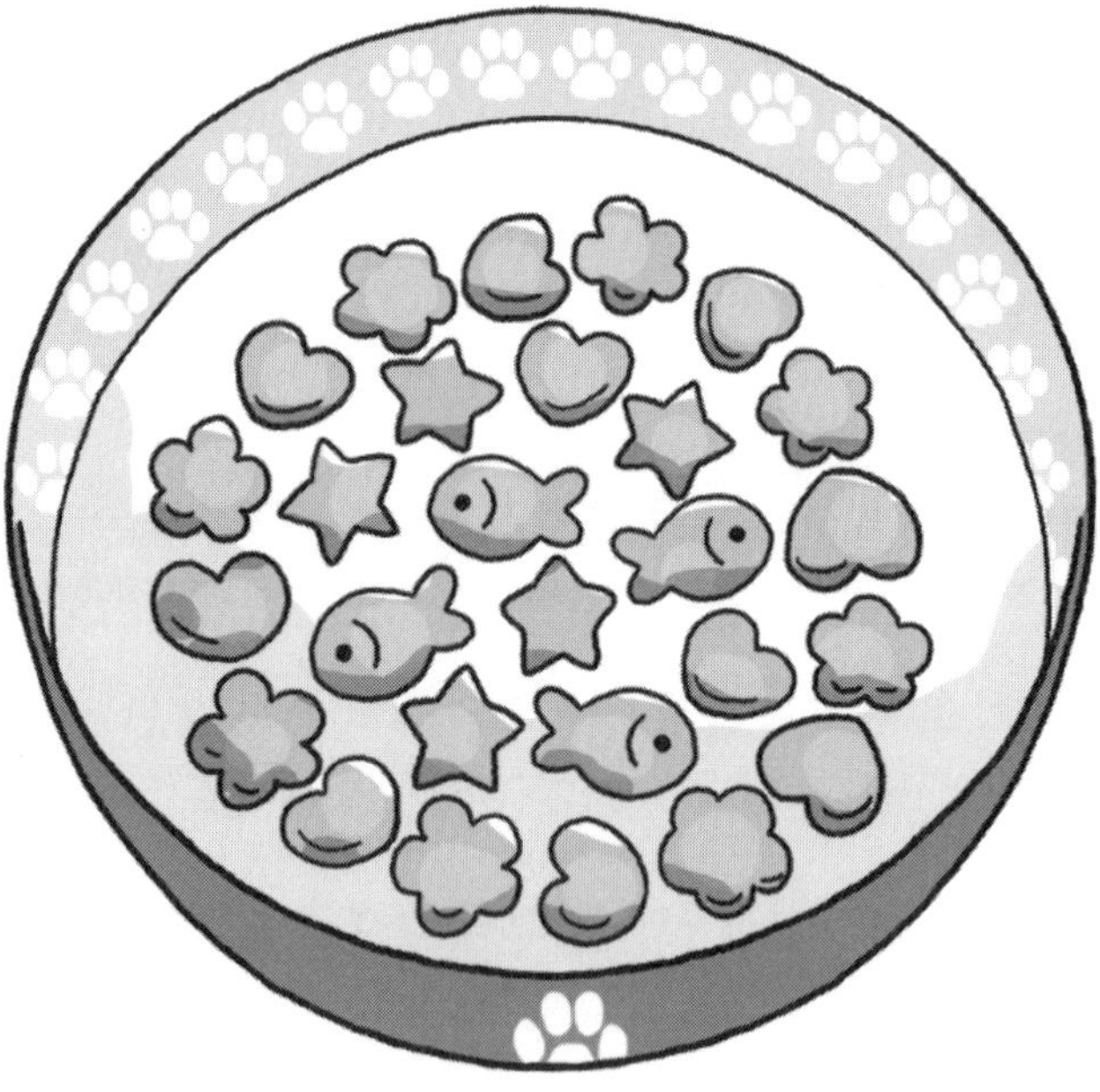

［材料］2.5㎝大×約40個分

ツナ缶（ノンオイル）… 1缶（70g）
おからパウダー … 20g
大豆粉 … 20g
ベーキングパウダー … 3g
プレーンヨーグルト … 大さじ1～2
卵 … 1個

A（調味料）
- 豆乳 … 大さじ2
- オリーブ油 … 大さじ2

［つくり方］

① ボウルに卵を入れ、よく溶いてAと混ぜ合わせ、ツナ缶を加える。
② ①におからパウダー、大豆粉、ベーキングパウダー、ヨーグルトを入れて混ぜ合わせる。生地の硬さを見ながら、ヨーグルトの量を調節する。
③ 手でよく練り合わせ、ひとかたまりにして冷蔵庫で30分寝かせる。
④ クッキングシート生地に載せ、上から食品用ラップをかけ、麺棒で3㎜くらいの厚さに伸ばす。
⑤ 生地を好きな形に型抜きする（型抜きせず、手で平らな丸形にしてもよい）。
⑥ 170度に予熱しておいたオーブンで15分程度焼く。

栄養レシピ5

サーモンのヘルシームース

ひんやりして食べやすいので、暑い日にあげるとワンちゃんは大喜び。サケの代わりに、白身魚やツナ缶を使うのもおすすめ。

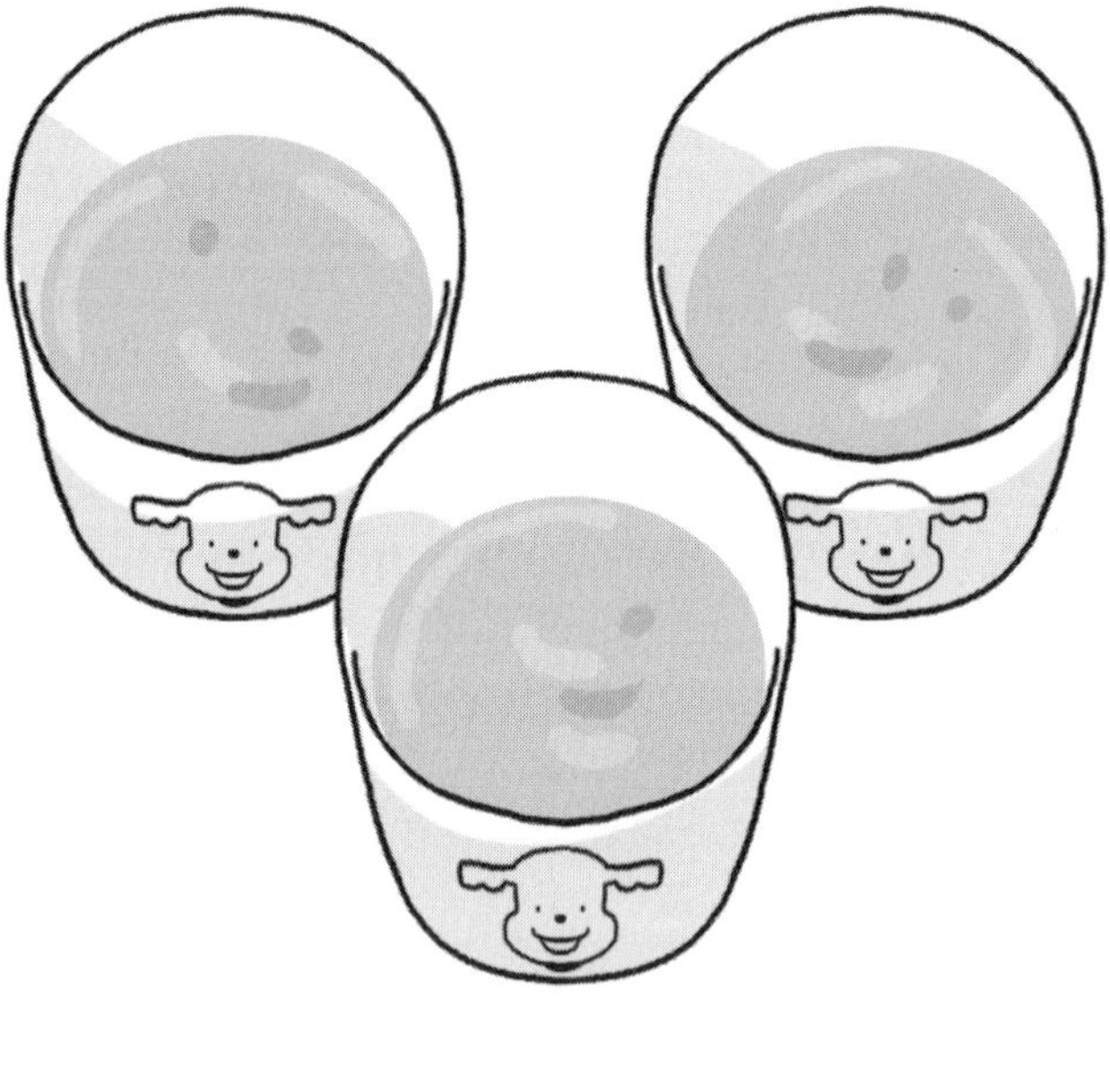

［材料］小カップ×6個分程度

生サケ（切り身）… 1切れ (100g)

酒… 小さじ1

塩… 少々

A

- クリームチーズ… 150g
- 木綿豆腐… 150g
- プレーンヨーグルト… 150cc
- コンソメの素… 1個

B

- 粉ゼラチン… 5g
- 水… 大さじ3

［つくり方］

① サケは骨と皮を除いてひと口大に切り、酒と塩で下味をつけて5分ほど置いたら、食品用ラップをかけレンジにかける（600Wで2分程度）。

② 粉ゼラチンに水を加えてふやかし、ラップをしてレンジにかけて溶かしておく（600Wで30秒程度）。

③ ①のサケとAをフードプロセッサーに入れ、なめらかになるまで攪拌する。

④ ③をボウルに入れ、②を加えて混ぜ合わせる。

⑤ ④をカップなどの器に入れ、冷蔵庫で1時間ほど冷やし固める。

Q&A
ワンちゃんの食事の疑問にお答えします

Q1 食事を与えても、なかなか食べてくれません。

A1

小型犬は食が細く、なかなか食べてくれないという話もよく聞きます。そのため飼い主さんは、食べないフードを置きっぱなしにしたり、あれこれとフードを変えたりします。

しかし、そのような食事の与え方をしていると、いつもダラダラ食べるようになり、甘えん坊になったり、多くのトラブルを起こしたりするようになってしまいます。健康状態に問題がない場合、与えた食事を15分たっても食べなければ、食事を下げてもいいでしょう。ワンちゃんは利口ですので、このようなことを何回か繰り返すだけでも、早く食べないと食べ物がなくなると理解します。ただし、水は十分に与えてください。

食べなくてかわいそうだからと、おやつなどを与えるのはやめましょう。肥満の原因になるだけでなく、食べなければおやつをもらえると学習してしまいます。

食欲が低下しているときは、おいしく食べてもらえるようにひと工夫をしましょう。

食事や水を体温程度（38度くらい）に温めて、好きな味や匂いをつけてみるのです。好きな食材を入れたり、好物をトッピングしたり。匂いのいい食事は、ワンちゃんの食欲をそそります。

さらに、食器の置き方にも工夫をしましょう。これは病気がちで食欲がないワンちゃんの飼い主さんにお話ししている方法ですが、床にそのまま置くのではなく、食べやすい高さの台をつくるのです。ワンちゃんが食べやすい位置を見つけて、工夫してみてください。

Q2 塩分は与えないほうがいいのでしょうか。

A2

本来、犬には調味料としての塩分はいらないと思います。

ただし、胃酸が十分に分泌されるためには塩分(塩化ナトリウム)が必要です。塩分(塩化ナトリウム)が低下すると胃酸がつくられなくなり、消化にも影響します。

食材そのものにも塩分が含まれていますので、消化のことを考えるなら、特に塩分を追加する必要はないと思われます。

塩分が多い食材を摂っても、若い犬で心臓や腎臓などに大きな病気がない場合は、多少の塩分は排泄されますので、それほど心配することはないでしょう。

ちなみに、ＡＡＦＣＯが基準としている塩分は、100㎉あたり0.06%です。

動物病院で病気の治療で使用する処方食も、100㎉あたり0.17～0.36%程度の塩分が含まれています。腎臓病用のフードは、0.09%程度と塩分が少なくなっています。

Q3 鶏レバーや豚レバーをあげてもいいの？悪い影響はありませんか？

A3

レバーにはビタミンＡを含む多くの栄養が含まれており、肉類や魚に少ない栄養素を補うことができます。

ビタミンＡはいろいろな代謝に関係し、健康状態をサポートしてくれる栄養素です。これまで、ビタミンＡの過剰症については多くの論議がされてきましたが、1994年、1995年の日本ビタミン学会において、天然ビタミンＡなら多めに摂取しても副作用はないと報告されました。

ワンちゃんの体調にもよりますが、１週間に１～２回はレバーを与えてほしいと思います。その際は生のまま与えないで、必ず加熱してください。

Q4 太り気味なのですが、タンパク質量はキープしつつ、カロリーを減らすにはどうしたらいいでしょうか。

A4

年齢にもよりますが、健康体でしたらタンパク質を40%程度に保ち、糖質を15～20%程度にしてみてはいかがでしょう？　カロリーが多いのは、おもに糖質（炭水化物）と脂質です。特に糖質は太る体をつくり、肥満を招きます。

さらに、脂肪の少ない鶏のむね肉やささみ、青魚、豆腐などのタンパク質のトッピングもしてみましょう。

加えて大切なのは朝夕の散歩です。30分～１時間は散歩をして、カロリーを消費させ、筋肉をつけましょう。ワンちゃんのストレスの軽減にも役立ちます。

Q5

人間と同じように、食事の時間帯は一定のほうがいいのでしょうか。
飼い主の帰宅が遅く、夜遅めの夕飯だと、より太りやすくなるということはありますか。

A5

犬の消化時間は 12 ～ 24 時間ほどといわれています。人間は 24 ～ 72 時間といわれれていますから、かなり短いですね。

そのため、特に子犬は 1 日に 3 ～ 4 回の食事が必要です。成犬になると 1 日 2 回程度となり、シニア期になると朝は少なく、夕方に多く食べる傾向があります。

年齢によって食事の間隔は異なりますが、子犬は夜遅くの食事の場合、十分な栄養が摂れなくなります。

もともと犬の先祖は夜行性で、夜に獲物を捕獲して食べていました。しかし、現在のワンちゃんは、夜は寝る時間になります。従って夕食はできるだけ早めにする必要があるのです。

夜遅く、糖質の多いフードを摂ると、肥満になり、生活習慣病を招いてしまいますので、注意しましょう。

Q6

肉の脂身も一緒にあげていいのでしょうか。

A6

肉の脂身はできるだけ避けてください。牛肉、豚肉、羊肉は、脂肪が多めです。バラ肉などの脂肪が多い部位は避け、赤身を使うようにしましょう。鶏のむね肉やささみ、馬肉などは脂肪が少なめなのでおすすめです。

Q7 魚の骨や皮は、そのまま与えていいですか？焼き魚でもＯＫ？

A7

人間と同じように考えましょう。体重が少ないワンちゃんは子どもと同じです。タイやサケなどの大きな魚の骨は口や消化管を傷つけ、大変なことになるので与えないようにしてください。

イワシ、シシャモなどの小魚の骨は食べられます。小魚の皮も食べられます。サケの皮やそのほかの魚の皮は加熱して与えましょう。ただし、黒く焦げた魚の皮は与えないようにします。煮魚も大丈夫ですし、煮魚を冷やしてできた煮こごりもフードにトッピングできます。

Q8 果物をトッピングしてもいいですか？

A8

犬に与えてよい果物と与えてはいけない果物、注意が必要な果物があります。

与えてよい果物は、リンゴ、バナナ、イチゴ、キウイ、オレンジ、ミカン、スイカ、柿、ナシ、クランベリーなど。リンゴには整腸作用もあります。バナナにも整腸作用がありますが、多く摂ると糖質過多につながり、またカリウムが多いので心臓病や腎臓病がある子には注意が必要です。

与えてはいけない果物は、ブドウ、イチジク、レーズン、グレープフルーツ、プルーンなどがあります。ブドウパンを食べて中毒を起こした報告もありますので、加工品でも与えないようにしてください。

グレープフルーツなどの柑橘類の皮の部分には、消化不良の原因になる成分が含まれています。また、一部の薬の作用を妨げ、副作用を引き起こす成分も含まれますので、注意してください。

Q9 トッピングしても、なかなか食べてくれません。

A9

食べてくれるかどうかはトッピングの食材にもよりますが、ワンちゃんがそれを食べ物として認識しているのか、お腹がすいていないのか、といったことが考えられます。また、シニア期や老齢期になると、新しいものを警戒することもあります。

新しい食材を与えるときは、ワンちゃんが興味を持ちそうなものを選んでみてください。お腹がすいている時間に与えたり、体温程度に温めたりするのもおすすめです。

Q10 トッピングをすると、吐き出してしまいます。

A10

吐いた食材を確認してください。また、食べてすぐに吐くのか、しばらくして吐くかによって、原因が異なります。

食べてすぐ吐く場合は、食材のアレルギーの可能性もありますので、再度与えて吐くようでしたら、その食材は与えないようにします。

しばらくして吐くようでしたら、その食材が胃などに問題を起こしている可能性もあります。同じ食材で吐くようでしたら、その食材を与えるのはやめ、獣医さんに相談してください。

おわりに

私は北海道釧路市の大自然のなかで育ちました。物心ついたときから、犬・猫、野鳥、小鳥、そしてニワトリたちと生活をともにしていました。

その様子を知っている近所の方が、「お宅のお子さんは動物が好きだから」と、根釧原野で迷っていた動物や傷ついた動物を連れてきました。

キタキツネの子は、阿寒の山道で迷子になっているところを保護されてきました。同様に、コノハズク（フクロウの一種）も、阿寒でうずくまっているところを保護されてきました。

自宅は海の近くにあり、ある日海岸で傷ついたカモメが保護され、私のもとにやってきました。カモメの保護については、親には内緒でした。飼育場所に困り、自分の部屋に段ボールや新聞紙を敷き詰め、水を入れたタライまで置き、カモメの看護をしました。何も知らない母親が部屋のドアを開けたところ、カモメが飛び出てきてびっくりし、ずいぶん叱られました。

でも、動物たちをそのまま見捨てることはできなかったのです。かなり変わった子だったと、自分でも思います。

高校時代には、犬・猫10頭、小鳥・野鳥20羽、ニワトリ20羽、キタキツネ、カモメ、コノハズク、金魚たちに囲まれ、家はまるでミニ動物園のような状態でした。

当時は、動物のお医者さんもあまりいなかった時代です。野生の動物や鳥たちをどのように飼ったらいいのか、何を食べるのかもわからず、人に聞いたり、本で情報を得たり、図書館に行って調べたりしていました。ほかの学生が進学のために勉強し、図書館に通っていた頃、私は動物たちの世話に明け暮れ、飼育法を調べるために図書館に通い、勉強どころではなかったのです。

そんな私でしたが、父はキタキツネのための小屋をつくってくれたり、ニワトリ小屋やニワトリの日光浴ができるようなスペースをつくってくれたりしました。私は大きくなったキタキツネに首輪をつけて散歩させ、近所の人は「変わっているワンちゃんですね」といっていました。こんな娘によく親はつき合ってくれたなぁと、今も感謝しています。

小学校時代の私は、病気がちであまり学校に通えず、小学生なのに留年をすすめられるほどの、いわゆる落ちこぼれでした。そんな自信のない私の心を、無垢の愛情で包んでくれたのが、動物たちでした。

その後、獣医大学に行くことになり、飼っていた動物たちは飼育してくれる施設を見つけ、そこに託して上京しました。

獣医大学に入学して公衆衛生学研究室に入り、卒業後はそのまま助手として残り、食品衛生学、腸内細菌について研究し、それが現在の栄養療法につながっていることは、本書で述べた通りです。動物医療だけでなく、人間の医療の臨床検査業務にかかわったことは、現在の臨床や栄養療法の栄養解析につながっていることを思うと、本当に人生には無駄がないと実感しています。

動物医療に栄養療法を導入することで、動物への治療内容がかなり変わりました。ワンちゃんが健康で長生きできる医療への希望が見えてきました。

また、人の統合医療塾では多くの統合医療の知識を得ることができ、ここでの出会いが、栄養療法の動物の医療への導入と、統合医療治療のスタートにつながりました。

統合医療のメリットは、西洋医学以外にも多くの治療の引き出しを持つことができることです。前にも述べたように、動物の医療は人の医療とは異なり、ほとんどが全科診療です。全科診察の治療においては、統合医療による治療の引き出しが多いほど、治療の選択肢や可能性が広がるのです。

一方で、飼い主さんがご自分でできることも、たくさんあります。ワンちゃんを病気にさせないようにすること、病気になったワンちゃんが少しでも元気になるようにすること。

そのためには、なんといっても「食事」が基本です。野生の動物と異なり、ほとんどのワンちゃんは、飼い主さんに与えられた食事を食べて生活しています。その食事が、ワンちゃんの体をつくっているのです。

子犬の頃より栄養を考えた食事を与えてあげることにより、飼い主さんの願いである「一日でも長く一緒に暮らしたい」という思いを叶えることができます。私はそのお手伝いをしたいと思っています。

これからは、ワンちゃんが健康な一生を送れるように、毎日の食事や生活習慣、環境、そしてメンタルの問題に注目していく必要があります。また、高齢の動物たちのシニアサポートにも力を入れていきたいと考えています。

本書が、ワンちゃんの健康に考えるきっかけとなり、ワンちゃんと飼い主さんの、幸せで穏やかな毎日の一助となったら、こんなに嬉しいことはありません。

最後に、栄養療法に導いていただき、相談、指導、助言など、長年サポートしてくださいました、点滴研究会マスターズクラブ会長、日本オーソモレキュラー医学会代表理事の柳澤厚生先生、健康増進クリニック院長の水上治先生、分子整合栄養医学協会認定分子整合栄養アドバイザー・栄養カウンセラーの定真理子先生に、心よりの感謝を申し上げます。

タンパク質以外に重要なビタミン・ミネラルを多く含む食材をまとめました。
トッピングの際に参考にしてください。

	効果・働き	欠乏症
	目・粘膜・歯茎・皮膚・歯・骨・髪の成長、感染に対する抵抗力、抗酸化、免疫力強化	目の病気、乾いた皮膚と毛並み、神経障害、感染しやすい、アレルギー、疲労
	（ビタミンB群として）成長促進、術後の回復、進行性疾患。ストレス、口まわりのひび割れ、さまざまな皮膚症状。タンパク質の利用と消化管の働きに必須。行動過多、ヘルペス、鱗片状皮膚、よだれ、先天障害。副腎に必要。色素形成と免疫反応を良好に保つ。白髪を防ぐ、コレステロールの蓄積・出血・菜食による欠乏とアレルギーを防ぐ	色素形成が悪い、便秘、皮膚症状、神経炎、脱毛と若白髪、後肢の虚弱、食糞、免疫系低下、ノミの繁殖、チック症。ストレスの対応ができない、ワクチンに対する反応が悪い。消化不良、タンパク質の利用が悪い
	アレルギーやウイルス疾患の予防。抗酸化作用。髪、皮膚、血管、骨・コラーゲン産生、歯茎、歯に必須。発情期の雌や老犬・子犬に必須。薬の副作用を抑える	尿路と皮膚の感染症、膀胱結石、免疫系や筋骨格系の働きが悪い。食事に適正量のタンパク質が含まれていないと活用できない
	ビタミンB群とインスリン活性、皮膚の治癒、DNA、RNA合成	毛並みが茶色くなる、皮膚の損傷、ドライアイ、傷が治りにくい、アレルギー、老衰と疲労
	骨・歯・鉄の保持。心機能、血液凝固、体を温める	骨・歯のトラブル、筋肉、神経のトラブル、動悸、副甲状腺のトラブル
	筋肉やヘモグロビンの酸素の供給、細胞内に鉄を蓄える	貧血、疲労、不妊、もろい爪、肢の震え
	カルシウム、ビタミンC吸収、神経の強化、骨・筋肉・歯・心臓、ナトリウム、カリウム輸送に必須	食欲不振、攻撃性、神経質、心疾患、突発性激怒症候群、発作、がん、筋肉のけいれん

／インターズー］を一部改変）

【巻末付録】ビタミン・ミネラルの働きと、多く含まれる食材

栄養素		食材	
ビタミンA		鶏・豚レバー、卵黄、ウナギ、ニンジン、カボチャ、モロヘイヤ	
ビタミンB群	ビタミンB_1	酵母、豚肉、ウナギ、タラ、カツオ、青海苔、大豆、ゴマ、落花生、煮干し、昆布、マイタケ（乾燥）	
	ビタミンB_2	酵母、レバー（豚・牛・鶏）、ハツ（鶏・豚・牛）、卵黄、ウナギ、納豆、焼き海苔、乾燥ワカメ、干しヒジキ、マッシュルーム、ブロッコリー、カマンベールチーズ、干しシイタケ、アーモンド	
	ナイアシン（ビタミンB_3）	カツオ、サバ、アジ、マグロ、タラコ、カツオ節、ドライイースト、煮干し、落花生、干しシイタケ	
	パントテン酸（ビタミンB_5）	牛・豚・鶏レバー、鶏心臓、卵黄、納豆、酵母	
	ビタミンB_6（ピリドキシン）	マグロ、カツオ、イワシ、レバー（牛）、酵母	
	ビオチン（ビタミンB_7）	酵母、鶏肉、レバー、腎臓（豚・牛）、サケ、イワシ、マイタケ（乾燥）、落花生	
	葉酸（ビタミンB_9）	酵母、焼き海苔、レバー（鶏・牛・豚）、ワカメ、タタミイワシ、煮干し、納豆、卵黄、ウナギ（肝）、緑黄色野菜（モロヘイヤ、枝豆、ホウレン草、ブロッコリー、カボチャ）、マイタケ、エノキ	
	ビタミンB_{12}	アサリ、シジミ、レバー（牛・豚・鶏）、イワシ、サンマ、豚肉	
ビタミンC		アセロラ、ブロッコリー、カリフラワー、レッドキャベツ、ルッコラ、芽キャベツ、ホウレン草、ナズナ、カブの葉、大根葉、キウイ、イチゴ、レモン、ケール、パセリ、ピーマン	
亜鉛		牡蠣、カツオ、マサバ、サバ節、カタクチイワシ、煮干し、酵母、牛肉、鶏肉、豚レバー、チーズ類	
カルシウム		イワシ類、煮干し、キビナゴ、サバ、魚水煮缶詰、チーズ類、木綿豆腐、大根葉、小松菜	
鉄	ヘム鉄（貧血に有効）	馬・牛などの赤身の肉、レバー、カタクチイワシ、カツオ、アユ、煮干し、シジミ、アサリ、ヒジキ	
	非ヘム鉄（ビタミンCとともに摂取すると吸収率アップ）	バジル、パセリ、小松菜、全粒大豆	
マグネシウム		アオサ、青海苔、ワカメ、昆布、ヒジキ、カボチャ、ゴマ、キナコ、全粒大豆	

(『自然治癒力を高めるドッグ・ホリスティックガイド』［Wendy Volhard、Kerry Brown 著、鷲巣誠監訳

アリスどうぶつクリニック・どうぶつ統合医療センター
https://www.alice-ac.com/

▼栄養療法、サプリメント療法についてのお問い合わせ先
分子栄養学研究所
info@orthomolecularjapan.co.jp

▼本書で紹介している治療ができる動物病院は、以下で検索できます。

［高濃度ビタミンＣ点滴療法］
点滴療法研究会
https://www.iv-therapy.org/search-clinic/

［栄養療法、サプリメント療法、点滴療法］
日本オーソモレキュラー医学会
https://isom-japan.org/clinic/search

［ＣＢＤオイル］
臨床ＣＤＢオイル研究会
https://cbd-info.jp/

著者紹介

廣田順子（ひろた じゅんこ）
アリスどうぶつクリニック・どうぶつ統合医療センター院長。獣医学博士。点滴療法研究会獣医師ボードメンバー、臨床CBDオイル研究会ボードメンバー、高濃度ビタミンC点滴療法認定医。日本ホメオパシー医学会認定医。
麻布獣医科大学（現麻布大学）卒。動物医療だけでなく、人間の医療にも携わり、同大学助手、東京薬科大学助手、病院での臨床検査室勤務後、東京農工大学研究生を経て1979年に開業。元帝京科学大学生命環境学部アニマルサイエンス学科教授、元日本獣医生命科学大学客員教授。日本ではじめてオーソモレキュラー栄養療法を動物医療に導入し、統合医療的なアプローチでさまざまな動物の治療にあたっている。

愛犬《あいけん》の不調《ふちょう》は「糖質《とうしつ》」が原因《げんいん》だった！

2023年7月30日　第1刷

著　　者　廣《ひろ》 田《た》 順《じゅん》 子《こ》

発 行 者　小 澤 源 太 郎

責任編集　株式会社 プライム涌光
電話　編集部　03(3203)2850

発 行 所　株式会社 青春出版社
東京都新宿区若松町12番1号 〒162-0056
振替番号　00190-7-98602
電話　営業部　03(3207)1916

印刷　三松堂　　製本　フォーネット社

万一、落丁、乱丁がありました節は、お取りかえします。

ISBN978-4-413-23317-0 C0077